高等教育"十二五"规划教材

Visual FoxPro 程序设计
上机指导与习题集

（修订版）

郭元辉 李 军 陈豫眉 主 编

科学出版社

北 京

内 容 简 介

本书为《Visual FoxPro 程序设计教程》（修订版）的配套辅导教材，由常年工作在高校计算机教学一线的教师编写。本书包括实验指导、习题解析与练习、全国计算机等级考试大纲、全国计算机等级考试（二级 Visual FoxPro）笔试试题及解析、全国计算机等级考试（二级 Visual FoxPro）上机模拟试题及解析、参考答案共 6 大部分，内容涉及数据表的基本操作、数据库的创建和使用、项目管理器的使用、表与索引、创建视图、设计和使用表单、程序设计基础、函数，以及设计报表和菜单等内容。本教材通过对大量习题的解答，使读者轻松掌握 Visual FoxPro 程序设计的基本知识和操作中需要注意的问题；通过实验指导，可以帮助读者掌握 Visual FoxPro 程序设计的基本操作，掌握结构化程序设计和面向对象编程的方法。

本书可作为普通高等院校相关专业的教材，也可以作为成人教育、各类计算机培训班的教学用书和自学者的参考资料。

图书在版编目（CIP）数据

Visual FoxPro 程序设计上机指导与习题集（修订版）/郭元辉，李军，陈豫眉主编. —北京：科学出版社，2010

（高等教育"十二五"规划教材）

ISBN 978-7-03-027333-8

Ⅰ. ①V… Ⅱ. ①郭…②李…③陈… Ⅲ. ①关系数据库-数据库管理系统，Visual Foxpro-程序设计-高等学校-教学参考资料 Ⅳ. ①TP311.138

中国版本图书馆 CIP 数据核字（2010）第 079074 号

策划：姜天鹏 宋 芳
责任编辑：王纯刚 刘文军 / 责任校对：赵 燕
责任印制：吕春珉 / 封面设计：东方人华平面设计部

科 学 出 版 社 出版
北京东黄城根北街 16 号
邮政编码：100717
http://www.sciencep.com

新科印刷有限公司 印刷

科学出版社发行 各地新华书店经销

*

2010 年 5 月第 一 版 开本：787×1092 1/16
2015 年 7 月第五次印刷 印张：14
字数：320 000
定价：54.00 元（共两册）
（如有印装质量问题，我社负责调换〈新科〉）
销售部电话 010-62140850 编辑部电话 010-62135763-2003

本书编写人员名单

主　编　郭元辉　李　军　陈豫眉

撰稿人　（按姓氏笔画排序）

王心良（西华师范大学）

李　军（四川农业大学）

陈友军（西华师范大学）

陈豫眉（西华师范大学）

赵德伟（西华师范大学）

徐正巧（西华师范大学）

郭元辉（西华师范大学）

前　言

　　本书以教育部颁布的数据库应用基础教学的基本要求为指导，同时参考了全国计算机等级考试（二级 Visual FoxPro 程序设计）的考试大纲进行选材，组织编写。本书是《Visual FoxPro 程序设计教程》的配套用书，适合作为普通高等院校计算机技术及相关专业学生学习数据库的配套教材，也可作为全国计算机等级考试（二级 Visual FoxPro 程序设计）的辅导配套教材使用。

　　Visual FoxPro 6.0（本书简称 Visual FoxPro）（中文版）是一款优秀的可视化数据库信息管理系统开发工具，适用于企业和个人用户进行数据库开发。本书作为学习 Visual FoxPro 的学习指导与练习的配套用书，提供了教程的全部习题解答，并增补了实践指导、等级考试大纲、等级考试模拟试题等内容。习题解答方法多样，程序设计界面丰富，对开拓读者思维具有启发作用。

　　本书内容涉及数据库基础知识、Visual FoxPro 基础知识、数据库与表、结构化查询语言 SQL、查询与视图、Visual FoxPro 程序设计基础、表单的设计与使用、菜单设计、报表与标签、综合实例等内容。书中所有程序都能在 Visual FoxPro 中文版下正常运行。

　　本书由郭元辉、李军、陈豫眉担任主编。其中第一部分由郭元辉编写；第二部分由陈豫眉编写；第三部分和第四部分由李军、王心良编写；第五部分由陈友军编写；第六部分由徐正巧、赵德伟编写。

　　本套书共两册，总定价为 54.00 元。其中，《Visual FoxPro 程序设计教程》（修订版）定价为 32.00 元，《Visual FoxPro 程序设计上机指导与习题集》（修订版）定价为22.00 元。

　　由于作者水平有限，经验不足，书中难免存在缺点和错误，敬请广大读者提出宝贵意见。

编　者

2010 年 5 月

目　录

第一部分　实验指导 ··· 1

　　实验一　项目管理器的使用 ·· 1

　　实验二　函数与表达式 ··· 5

　　实验三　数据表的基本操作 ·· 9

　　实验四　数据库的创建和使用 ·· 13

　　实验五　查询与 SQL ·· 19

　　实验六　创建视图 ··· 24

　　实验七　程序设计基础 ·· 26

　　实验八　表单的设计与使用 ··· 29

　　实验九　菜单的建立与使用 ··· 33

　　实验十　报表设计 ··· 37

第二部分　习题解析与练习 ··· 40

　　第 1 章　Visual FoxPro 系统概述 ······································ 40

　　第 2 章　Visual FoxPro 基础知识 ······································ 46

　　第 3 章　Visual FoxPro 语言基础 ······································ 50

　　第 4 章　数据库和表 ·· 65

　　第 5 章　结构化查询语言 SQL ··· 93

　　第 6 章　查询与视图 ·· 102

　　第 7 章　程序设计基础 ··· 110

　　第 8 章　表单的设计与使用 ·· 129

　　第 9 章　菜单设计 ·· 142

　　第 10 章　报表与标签 ··· 147

第三部分　全国计算机等级考试大纲 ······································ 156

　　全国计算机等级考试（二级公共基础知识）大纲 ···························· 156

　　全国计算机等级考试（二级 Visual FoxPro）大纲 ·························· 158

第四部分　全国计算机等级考试（二级 Visual FoxPro）笔试试题及解析 ············· 161

　　笔试试题 1 ·· 161

　　笔试试题 2 ·· 173

第五部分　全国计算机等级考试（二级 Visual FoxPro）上机模拟试题及解析············183

模拟试题 1 ···183

模拟试题 2 ···188

模拟试题 3 ···191

模拟试题 4 ···194

模拟试题 5 ···197

第六部分　参考答案··199

《Visual FoxPro 程序设计教程》课后习题参考答案···199

《Visual FoxPro 程序设计上机指导与习题集》练习题参考答案·······················206

主要参考文献···213

第一部分　实 验 指 导

实验一　项目管理器的使用

一、实验目的

- 了解【项目管理器】的组成。
- 掌握利用【项目管理器】创建项目、打开和关闭项目。
- 掌握【项目管理器】的使用方法。
- 学会如何定制【项目管理器】。

二、实验环境

- 掌握如何创建一个新项目。
- 熟悉【项目管理器】的基本操作。

三、实验知识点

【项目管理器】是 Visual FoxPro 中管理各种数据和对象的主要组织工具，一个项目是文件、数据、文档和对象的集合，项目文件以扩展名.pjx 和.pjt 保存。

1. 创建新项目

利用"我的电脑"或"资源管理器"，在 F 盘上建立一个文件夹，命名为"Visual FoxPro 实验"，即 F:\ Visual FoxPro 实验，以后所有的实验内容都保存在这个文件夹中。新建项目具体步骤如下。

① 选择【文件】|【新建】菜单命令，在弹出的【新建】窗口中选择文件类型为"项目"，并单击【新建文件】按钮。

② 在弹出的【创建】对话框中选择保存文件的路径，并在"项目文件"项中输入项目名"成绩管理"，保存类型为"项目（*.pjx）"，单击【保存】按钮。

③ 保存"成绩管理"项目后，弹出【项目管理器】窗口，如图 1-1-1 所示。

这样，就创建好了"成绩管理"项目。此时会产生两个文件，即项目备注文件和项目文件。

2. 打开项目管理器

（1）用命令打开

在【命令】窗口中输入"modify project 成绩管理"（"成绩管理"是项目名），然后按 Enter 键即可打开"成绩管理"项目。若未输入项目名称则弹出【打开】对话框,请用户自己选择一个已有的项目文件,或输入一个新的待创建的项目文件名。

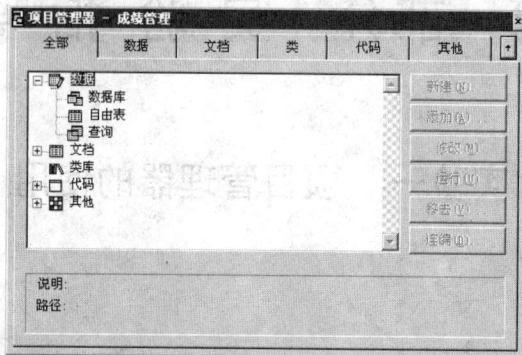

图 1-1-1 【项目管理器】窗口

（2）利用"我的电脑"或"资源管理器"打开

在窗口中双击需要打开的项目文件即可。

3．关闭项目管理器

单击【项目管理器】窗口右上角的【关闭】按钮。

四、实验内容

1．项目的创建、打开和关闭

（1）项目的创建

在"F:\ Visual FoxPro 实验"目录下建立一个名为"学生成绩管理系统"的项目。操作如下。

① 选择【文件】|【新建】菜单命令,或单击【常用】工具栏上的【新建】按钮,打开【新建】对话框。

② 在【文件类型】区选择"项目"单选项,然后单击【新建文件】图标按钮,打开【创建】对话框。

③ 在【创建】对话框的"项目文件"文本框中输入项目名称"学生成绩管理系统",然后在【保存在】组合框中选择保存该项目的"Visual FoxPro 实验"文件夹。

④ 单击【保存】按钮,Visual FoxPro 就在"F:\ Visual FoxPro 实验"目录下建立一个"学生成绩管理系统.pjx"文件。

（2）打开"学生成绩管理系统"项目

① 选择【文件】|【打开】菜单命令,或在【常用】工具栏上单击【打开】按钮,打开【打开】对话框。

② 在【打开】对话框的【文件类型】下拉框中选择"项目"选项,再在【搜寻】框中指定项目所在的"F:\ Visual FoxPro 实验"文件夹。

③ 双击要打开的项目"学生成绩管理系统.pjx"或将其选择后单击【确定】按钮,

即可打开该项目。

（3）关闭"学生成绩管理系统"项目

若要关闭项目，只需单击项目管理器右上角的【关闭】按钮即可。当关闭一个空项目文件时，Visual FoxPro 在屏幕上显示提示框，若单击【删除】按钮，系统将从磁盘上删除该空项目文件；单击【保持】按钮，系统将保存该空项目文件。

2. 查看项目管理器的组件

观察【项目管理器】各选项卡的组成，其中【全部】选项卡包括了其他 5 个选项卡的全部内容。注意观察组件前面的"+"和"－"标志，单击"+"，可以展开该组件的所有子组件和对象，此时，"+"变为"－"，单击"－"可折叠已展开的列表。

3. 制定项目管理器

制定【项目管理器】，即改变【项目管理器】在屏幕上的大小和显示位置。

（1）改变大小和位置

① 鼠标拖动标题栏可改变项目管理器在屏幕上的位置。

② 鼠标拖动【项目管理器】的四边可分别改变其长和宽；拖动它的四角可同时改变它的长和宽。

（2）折叠项目管理器

① 用鼠标单击【其他】选项卡右边的箭头，可折叠【项目管理器】，折叠后的样式，如图 1-1-2 所示。将【项目管理器】折叠，可以节省屏幕空间，但暂时不能使用。

② 折叠之后箭头改变方向朝下，再次单击箭头，即可展开【项目管理器】。

（3）分离【项目管理器】中的选项卡

【项目管理器】折叠后，可以把其中一个选项卡分离出来，方便单独使用。

① 用鼠标向下拖动要分离的选项卡，即可将其分离出来。如图 1-1-3 所示为分离出来的【文档】选项卡。

图 1-1-2　项目管理器的折叠　　　　图 1-1-3　选项卡的分离

② 分离后的选项卡标题栏上有个图钉图标，单击该图标可将其设置为在最前面显示，再单击图钉图标可取消设置。

③ 单击【关闭】按钮，可将分离出来的选项卡还原到原来的位置。

（4）停放【项目管理器】

用鼠标拖动【项目管理器】的标题栏到 Visual FoxPro 主窗口的【菜单】栏和【工具】栏附近，【项目管理器】变成了系统【工具】栏的一个工具条，这时没有工作区窗口，因此不能使用。但可以用分离选项卡的方法，把其中某个选项卡分离出来单独使用。

4. 项目管理器的使用

（1）创建文件

在"学生成绩管理系统"项目中新建一个名为 XS 的数据库，步骤如下。

① 打开"学生成绩管理系统"项目。

② 确定新建文件的类型，在【数据】选项卡中选择"数据库"选项。

③ 单击【新建】按钮，或选择【项目】|【新建文件】菜单命令，在打开的对话框中单击【新建数据库】按钮，打开【创建】对话框。

④ 在【创建】对话框中设置数据库名为"XS"，然后单击【保存】按钮，系统打开【数据库设计器】。

⑤ 关闭【数据库设计器】返回到【项目管理器】窗口，在【数据】选项卡的"数据库"选项前出现一个"+"按钮，单击它可以看到数据库选项中包含的 XS 文件。

（2）添加文件

将已经在硬盘中准备好的一个自由表 STUDENT.dbf 添加到"学生成绩管理系统"项目中。步骤如下。

① 打开"学生成绩管理系统"项目。

② 确定要添加文件的类型，在【数据】选项卡中选择"自由表"选项。

③ 单击【添加】按钮，或选择【项目】|【添加文件】菜单命令，在【打开】对话框中选择表 STUDENT.dbf，单击【确定】按钮，即可将 STUDENT.dbf 添加到"自由表"选项中。

（3）修改文件

修改 STUDENT 表的结构，步骤如下。

① 选择【数据】选项卡中"自由表"选项下 STUDENT.dbf。

② 单击【修改】按钮，或选择【项目】|【修改文件】菜单命令，系统将自动打开【表设计器】。

③ 在【表设计器】中修改 STUDENT.dbf 表的字段名、类型或宽度等值，并保存。

（4）移去文件

将"学生成绩管理系统"项目中的 STUDENT 表移去，步骤如下。

① 选择【数据】选项卡中"自由表"选项下的表 STUDENT.dbf 的文件。

② 单击【移去】按钮，或选择【项目】|【移去文件】菜单命令，在出现的对话框中单击【移去】按钮。

小提示　　若单击【删除】按钮，系统不仅从项目中移去该文件，还将从磁盘中删除该文件，文件将不复存在。

实验二　函数与表达式

一、实验目的

- 正确使用常用函数。
- 掌握各种类型表达式的构造方法。

二、实验环境

- 操作系统为 Windows NT 或者 Windows XP。
- 安装软件为中文版 Visual FoxPro 6.0。

三、实验知识点

1. 数值运算函数

（1）取绝对值函数 ABS( )
（2）符号函数 SIGN( )
（3）取整函数 INT( )
（4）求余函数 MOD( )
（5）最大值函数 MAX( )
（6）最小值函数 MIN( )
（7）求平方根函数 SQRT( )
（8）四舍五入函数 ROUND( )
（9）随机函数 RAND( )

2. 字符处理函数

（1）求子串函数 SUBSTR( )
（2）左取字符函数 LEFT( )、右取字符函数 RIGHT( )
（3）求字符串长度函数 LEN( )
（4）删除字符串空格函数 LTRIM( )、RTRIM( )、TRIM( )
（5）求子串出现位置函数 AT( )
（6）字符串匹配函数 LIKE( )

3. 时间日期函数

（1）时间函数 TIME( )
（2）日期函数 DATE( )
（3）日期时间函数 DATETIME( )
（4）年月日函数 YEAR( )、MONTH( )、DAY( )

4．数据类型转换函数

（1）数值型转换成字符型函数 STR( )

（2）字符型转换成数值型函数 VAL( )

（3）日期型转换成字符型函数 DTOC( )

（4）字符型转换成日期型函数 CTOD( )

（5）字符型转换成 ASCII 函数 ASC( )

（6）ASCII 函数转换成字符型函数 CHR( )

（7）宏代换函数&

5．测试函数

（1）表文件测试函数 DBF( )

（2）表文件头测试函数 BOF( )

（3）表文件尾测试函数 EOF( )

（4）记录号测试函数 RECNO( )

（5）记录数测试函数 RECCOUNT( )

（6）条件测试函数 IIF( )

（7）空值测试函数 ISNULL( )

6．表达式

（1）算术运算符和数值表达式

① 算术运算符的优先级从高到的依次是：( )（括号）、－（取负）、**或^（乘方）、*、/、%（乘、除、求余）、＋、－（加减）。

② 数值表达式是使用算术运算符将数值型变量、常量、函数等连接起来的有意义的式子。

（2）字符运算符和字符表达式

使用字符运算符将字符型项目连接起来的算式，其运算结果也是字符型。

（3）日期时间运算符和日期时间表达式

① 日期时间运算符只有两个：＋和－。日期时间表达式的格式有限制，例如，两个日期不能相加，只能相减，得到两个指定日期相差的天数。

② 日期时间表达式是使用运算符将日期型数据、数值型数据连接起来的算术。

（4）关系运算符和关系表达式

① 关系运算符的优先级别相同。

② 关系表达式通常由关系运算符将两个运算对象连接起来。关系表达式的运算结果是逻辑值。如果关系成立，结果为.T.，否则，结果为.F.。

（5）逻辑运算符和逻辑表达式

① 逻辑运算符的优先级从高到低为：NOT、AND、OR。逻辑运算符前后的"."也可省略。

② 逻辑表达式实际是一种判断条件，条件成立，表达式的值为.T.，否则表达式的值为.F.。因为逻辑型数据只有两个值.T.和.F.。

四、实验内容

1. 常用标准函数的使用

在命令窗口中键入以下命令，然后运行。

```
（1）? ABS（-3.21），ABS（5.6）
（2）? INT（54.7），INT（-54.7）
（3）? DATE（），TIME（）
（4）? ROUND（278.731），ROUND（278.73，-1）
（5）STORE "计算机应用基础" TO Y
    ? SUBSTR（Y，1，6）
（6）? STR（278.547，4，1），STR（278.547，4，1），STR（278.547，5，1）
（7）Z="123"
    ? &Z+5
（8）A="计算机软件"
    STORE"我正在学习&A" TO B
    ? B
（9）RQ="02/20/04"
    ? CTOD（RQ），DTOC（CTOD（RQ）+8）
（10）? LEN（"中国"），LEN（"30"）
（11）? SPACE（15）+"中国"+SPACE（5）+"人民"
（12）? VAL（"203"），VAL（"203MN"），VAL（"MN203"）
（13）? STUFF("ABCDEF",2,3,"12345")
（14）? STUFF("ABCDEF",2,0,"12345")
（15）? STUFF("ABCDEF",2,3," ")
（16）? COL(),ROW()
（17）? COL()+5,ROW()+5
（18）? TYPE("EXP(2)+3*5")
（19）? TYPE('TIME()')
```

2. 正确使用表达式

在命令窗口中键入以下命令，然后运行。

```
（1）? 4-（3+4*2）/4+5，15%6
（2）X="ABC"
    Y="DEF"
    Z="GHI"
    ? X+Y+Z
    ? X-Y-Z
（3）M="个人"
    N="计算机"
    ? M+N，M-N
（4）RQ={^2004/02/20}
    ? RQ+20，RQ-20
```

（5）A=18.4

　　B=16.4

　　? A<B

（6）? 18=18，"学生"="学习"，"abc"="ab"

（7）? "财会" $ "财会金融"，"财会" $ "财务会计"

（8）? .NOT..F..AND.9<2+5, 8>3.AND.8<10

（9）X=3*8+20

　　? X>50 .OR. "A">"B"

实验三　数据表的基本操作

一、实验目的

- 掌握 Visual FoxPro 基本操作环境。
- 掌握数据表结构的设计。
- 掌握数据表结构的建立及数据的输入。
- 掌握建立索引的操作。
- 掌握数据表结构的修改。

二、实验环境

- 操作系统为 Windows NT 或者 Windows XP。
- 安装软件为中文版 Visual FoxPro 6.0。

三、实验知识点

1. 创建与打开数据表

（1）规划数据，确定需要的表

在设计表时应注意：同一信息一般来说只保存一次，因为同一信息多次输入会增加冗余和出错的可能；为了防止删除有用的信息，还应注意每一个表都是独立的主题。

（2）确定表的结构

在确定字段时应注意：每个字段直接和表的主题相关；不要包含可推导得到的数据或需要计算的数据；收集所需的全部信息；以最小的逻辑单位存储信息；使用主关键字段。

2. 创建表的步骤

（1）用菜单方式创建表

① 选择【文件】|【新建】菜单命令，打开【新建】对话框，选中"表"单选项，然后单击【新建文件】按钮，打开【创建】对话框。

② 输入表文件名。单击【保存】按钮，弹出【表设计器】对话框，在"字段名"列中输入第一个字段名后按 Enter 键，光标移至"类型"列中，当前数据类型中的内容是"字符"型，可以通过下拉式列表框选择其他的数据类型。按 Enter 键后光标移至下列，再定义字段宽度、小数位数和索引等。按此方法逐个定义表中的各个字段，如图 1-3-1 所示。

③ 定义完毕后，单击【确定】按钮，出现"现在输入数据记录吗?"询问框。

④ 单击【是】按钮，出现输入界面，逐个输入记录。双击 memo 和 gen 字段，出现一编辑界面，输入文字或插入 OLE 对象，编辑完后关闭此界面。单击【否】按钮，

不输入任何记录，刚建的表文件只有结构，没有记录。

（2）用命令方式创建表

在【命令】窗口输入命令 CREATE<表名>，然后按 Enter 键，也可以打开如图 1-3-1 所示的【表设计器】对话框。在【表设计器】中创建表的步骤这里不再赘述。

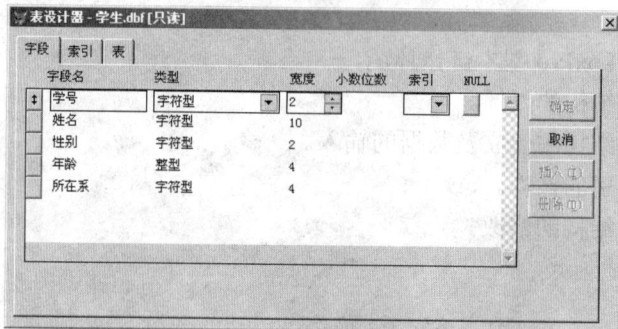

图 1-3-1　自由表【表设计器】

3. 表的操作

设计并创建表结构后，就可以在表中输入记录了。接着便可以进行添加记录、更改或删除已有记录等操作，这些任务的每一步操作都可以通过界面和命令的方式来完成。

（1）修改表结构

① 打开要修改的表，选择【文件】|【打开】菜单命令，在对话框中选中表文件。

② 选择菜单【显示】|【表设计器】命令，打开【表设计器】窗口。或在【命令】窗口键入 MODIFY STRUCTURE，同样可以打开【表设计器】。

③ 根据需要修改表结构，如可以修改字段名、类型及其常规属性，添加或删除字段等。修改完毕后，单击对话框中的【关闭】按钮，完成修改并保存修改结果。按 Esc 键则放弃修改退出【表设计器】。

（2）添加记录

① 打开要添加记录的表。显示【浏览】或【编辑】窗口。

② 选择【显示】|【追加方式】菜单命令，或【表】|【追加新记录】命令，或者用追加命令，都能进行添加记录。

（3）查看记录

在【浏览】窗口中查看记录，定制窗口显示满足一定条件的记录。也可以用 LIST、DISPLAY 命令查看指定范围内满足条件的记录。

（4）编辑记录

在【浏览】窗口中直接编辑，或者使用 EDIT 或 CHANGE 命令，也可以用 REPLACE 命令。

（5）删除记录

删除记录时，可以在【浏览】窗口单击【删除标记】，或选择【表】|【删除记录】菜单命令，也可以使用 SQL-DELETE 命令进行操作，但此时记录并没有被真正地删除。

选择【浏览】窗口的【表】|【彻底删除】命令或者使用 PACK 命令可将其彻底删除。若想要物理删除所有记录，可以使用命令 ZAP 或 DELE ALL、PACK，此时删除后的内容不可恢复。

四、实验内容

1. 创建表

① 创建自由表，表名为"职工情况"，其内容如表 1-3-1 所示。

表 1-3-1　"职工情况"表

编号	部门	姓名	性别	出生日期	婚否	职务	工作日期	职称	简历
02018	供销	常胜利	男	01/01/65	.T.	科长	07/01/86		memo
03028	技术	白小雪	女	09/14/71	.T.		07/01/91	工程师	memo
05012	财务	李程	男	03/19/75	.F.		07/01/97	会计师	memo
04008	人事	张小雨	女	04/28/73	.T.	科员	07/01/93		memo

表结构依上述数据自定。

② 将"职工情况"表添加到数据库"人事管理"中。

③ 创建一"职工工资"数据库的数据库表，其内容如表 1-3-2 所示。

表 1-3-2　"职工工资"表

编号	基本工资/元	岗位津贴/元	职贴/元	奖金/元	水电费/元	房租/元
02018	740.00	288.50	235.00	100.00	0.00	0.00
03028	568.00	280.00	195.00	80.00	0.00	0.00
05012	402.00	280.00	145.00	60.00	0.00	0.00
04008	518.00	280.00	185.00	80.00	0.00	0.00

表结构可按上述数据自定。

2. 修改表结构

① 打开"职工情况"表，启动【表设计器】。

② 增加一个字段"照片"，类型为通用型。

③ 在"职工情况"表中，新增加了"照片"字段，并输入数据。

3. 添加记录

① 在"职工情况"表中添加记录，使记录个数达到 8 个。

② 在"职工工资"表中添加记录，使记录个数达到 8 个。

4. 查看表数据

在"职工情况"表中进行以下操作。

① 查看从第 2 个记录开始的 4 个记录。

② 显示男职工的记录。

③ 显示技术部门的女职工的记录。

④ 显示张小雨的简历。

⑤ 列出编号、部门、姓名与职称。

⑥ 在"职工工资"表中，显示基本工资大于等于 500 的记录。

⑦ 在【浏览】窗口中打开数据表。

⑧ 改变数据表的宽度和高度，改变行的高度和列宽，打开或关闭网格线。

⑨ 拆分【浏览】窗口。

⑩ 在【浏览】窗口中只显示男职工的姓名、部门、出生日期和职称。

5. 编辑与修改记录

打开"职工工资"表进行以下操作。

① 将每个职工的水电费和房租输入表中。

② 在第 2 个记录之后插入一个空记录，并自行确定一些数据用 REPLACE 命令将它们填入该空记录中。

③ 使用 BROWSE 命令编辑记录。

④ 使用 EDIT 命令编辑记录。

⑤ 用 SCATTER 与 GATHER 命令对第 3 个记录作如下要求的修改：将基本工资由 402.00 改为 440.00。

6. 复制表文件

① 将表文件"职工情况"原样复制为"职工情况 1"。

② 原样复制"职工工资"表的文件结构，并把复制后的表文件结构显示出来。

③ 将出生日期在 1975 年 1 月 1 日之前的职工复制为"职工情况 2"。

④ 复制具有姓名、部门、职务和简历 4 个字段的表文件为"职工情况 3"。

7. 删除记录

打开表文件"职工情况 1"并进行以下操作。

① 在第 4 个记录和第 6 个记录上分别加上删除标记。

② 撤销第 6 个记录上的删除标记并把第 4 个记录从表文件中彻底删除。

③ 将表中所有的记录删除。

实验四　数据库的创建和使用

一、实验目的

- 掌握数据库的基本概念。
- 掌握建立、打开、修改和显示数据库的方法。
- 掌握在数据库中添加表和删除表的操作。
- 理解多工作区的概念。
- 掌握建立表之间永久关系的方法。

二、实验环境

- 操作系统为 Windows NT 或者 Windows XP。
- 安装软件为中文版 Visual FoxPro 6.0。

三、实验知识点

1.　Visual FoxPro 数据库

（1）数据库的基本组成

数据库由一个以上相互关联的数据表组成，可以包含一个或多个表、视图到远程数据源的连接和存储过程。

视图（view）：一个保存在数据库中的、由引用一个或多个表、或其他视图的相关数据组成的虚拟表，可以是本地的、远程的或带参数的。

存储过程（stored procedure）：是保存在数据库中的一个过程。该过程能包含一个用户自定义函数中的任何命令和函数。

创建数据库时系统自动生成 3 个文件。

① 数据库文件，扩展名为.dbc。

② 数据库备注文件，扩展名为.dct。

③ 数据库索引文件，扩展名为.dcx。

（2）数据库的设计过程

① 明确建立数据库的目的和使用方式。

② 设计所需的数据表（包括表结构和表记录）。

③ 建立表之间的关系。

④ 改进设计。

2.　数据库的创建

（1）数据库的创建过程

数据库的创建过程中一般会涉及下面一些常用操作。

创建新表 → 用【表设计器】（设置字段属性和表属性）。

添加表 → 用【数据库设计器】按钮或【数据库】菜单。

创建视图 → 用【视图向导】、【视图设计器】。

建立关系 → 用鼠标将父表的索引拖到子表的相关索引上。

编辑关系 → 用【数据库】菜单、快捷菜单或参照【完整性生成器】。

移去关系 → 用快捷菜单或按 Delete 键。

修改表 → 用【表设计器】。

删除表或视图 → 用【数据库设计器】按钮或【数据库】菜单。

（2）数据库的新建

方法一：通过菜单操作

① 选择【文件】|【新建】菜单命令。

② 在【新建】对话框中选择数据库并单击【新建文件】按钮。

③ 在【创建】对话框中给出库文件名和保存位置。

④ 在【数据库设计器】中建立所需的数据库。

方法二：通过【命令】窗口

在【命令】窗口中输入命令：CREATE DATABASE 数据库名。

（3）数据库的打开

方法一：通过菜单操作

① 选择【文件】|【打开】菜单命令。

② 在【打开】对话框中给出库文件名和保存位置，然后单击【确定】按钮。

方法二：通过【命令】窗口

在【命令】窗口中输入命令：OPEN DATABASE 数据库名。

（4）数据库的关闭

在【命令】窗口中输入命令：CLOSE DATABASE　　&& 关闭当前数据库。

或输入命令：CLOSE ALL　　&& 关闭所有被打开的数据库。

小提示　关闭了数据库表不等于关闭了数据库，但关闭了数据库则其中的数据表被同时关闭；用鼠标关闭了【数据库设计器】窗口并不能代表关闭数据库。

（5）用【数据库设计器】设计数据库

调出【表设计器】，建立一个新数据表，其方法有以下 4 种。

① 从【数据库】菜单中选择新表。

② 右击【数据库设计器】窗口，从快捷菜单中选择新表。

③ 单击【数据库设计器】工具栏中的新表按钮。

④ 选择【文件】|【新建】菜单命令，在对话框中选择表。

小提示　数据库表的【表设计器】中内容比自由表的多，增加了字段属性和表属性的设置。设置验证规则的目的是为了使输入的数据符合要求，在有矛盾时发出错误提示信息。

（6）数据库表的高级属性（如表 1-4-1 所示）

表 1-4-1　数据库表的高级属性

属性类别		属性名称	作用
字段属性	字段显示属性	格式	确定字段内容在被显示时的样式
		输入掩码	指定字段中输入数据的格式（即所输入的任何内容均显示成此符号）
		标题	在浏览表时用此名称代替意义不够直观的字段名
	字段验证规则	规则	使所输数据符合设定的条件
		信息	当所输数据违反规则时，系统提示错在哪里
		默认值	减少输入重复性数据时的工作量
	字段注释		使字段具有更好的可读性
表属性	长表名		与表文件名不同，设置了长表名可以一目了然
	记录验证规则	规则	使所输记录符合设定的条件
		信息	当所输记录违反规则时，系统提示错在哪里
	触发器	插入触发器	当所插记录符合此规则时，才可以插入到表中
		更新触发器	当修改后的记录符合此规则时，才可以进行修改
		删除触发器	当待删记录符合此规则时，才可以被删除
	表注释		使表具有更好的可读性

字段级规则：一种与字段相关的有效性规则，在插入或修改字段值时被激活，多用于数据输入正确性的检验。为字段设置验证规则的方法如下。

① 在【表设计器】中选定要建立规则的字段名。

② 在"规则"方框旁边选择【…】按钮。

③ 在【表达式生成器】中设置有效性表达式，然后单击【确定】按钮。

④ 在"信息"框中，键入用引号括起的错误信息。

⑤ 在"默认值"框中，键入合理的初值。

⑥ 单击【确定】按钮。

记录级规则：一种与记录相关的有效性规则，当插入或修改记录时激活，常用来检验数据输入和正确性。记录被删除时不使用有效性规则。记录级规则在字段级规则之后和触发器之前激活，在缓冲更新时工作。

触发器：在一个插入、更新或删除操作之后运行的记录级事件代码。不同的事件可以对应不同的动作，它们常用于交叉表的完整性。

（7）在数据库中添加表

① 选择【数据库】|【添加表】命令，从【打开】对话框中选择所需的表并确定之。

② 右击【数据库设计器】窗口，从快捷菜单中选择【添加表】。

③ 单击【数据库设计器】工具栏上的【添加】按钮。

　　小提示　　一个数据表在同一时间内只能属于一个数据库，已隶属于其他数据库的表不能直接被添加进来，需先将其移出数据库还原成自由表。

（8）在表之间建立永久性关系

永久关系：是数据库表之间的一种关系，不仅运行时存在，而且一直保留。表之间的永久关系是通过索引建立的。

一对多关系：表之间的一种关系，在这种关系中，主表中的每一个记录与相关表中的多个记录相关联（每一个主关键字值在相关表中可出现多次）。

一对一关系：表之间的一种关系，在这种关系中，主表中的每一个记录只与相关表中的一个记录相关联。

创建表间的永久关系：在【数据库设计器】中，选择想要关联的索引名，然后把它拖到相关表的索引名上，所拖动的父表索引必须是一个主索引或候选索引。建立好关系后，这种关系在【数据库设计器】中会显示为一条连接两个表的直线。

　　小提示　　需先建立索引然后才能建立关系。

删除表间的永久关系：在【数据库设计器】中，单击两表间的关系线，此时关系线变粗，表明已选择了该关系，然后按下 Delete 键即可。

编辑关系：鼠标右键单击所需关系线，从显示的快捷菜单中选择【编辑关系】命令，在【编辑关系】对话框中改选其他相关表索引名或修改参照完整性规则。

参照完整性（RI）：控制数据一致性，尤其是不同表的主关键字和外部关键字之间关系的规则。Visual FoxPro 使用用户自定义的字段级和记录级规则完成参照完整性规则。

（9）在表之间建立临时关系

临时关系：是在打开的数据表之间用 SET RELATION 命令建立的临时关系，或是在数据工作期窗口建立。建立了临时关系后，子表的指针会随主表记录指针的移动。表被关闭后，关系自动解除。

临时关系与永久关系的联系如下。

① 明确建立关系的两张表之间确实在客观上存在着一种关系（一对多或一对一关系）。

② 永久关系在许多场合可以作为默认的临时关系。

临时关系与永久关系的区别如下。

① 临时关系是用来在打开的两张表之间控制相关表之间记录的访问；而永久关系主要是用来存储相关表之间的参照完整性，附带地可以作为默认的临时关系或查询中默认的联接条件。

② 临时关系在表打开之后使用 SET RELATION 命令建立,随表的关闭而解除;永久关系永久地保存在数据库中而不必在每次使用表时重新创建。

③ 临时关系可以在自由表之间、库表之间或自由表与库表之间建立,而永久关系只能在库表之间建立。

④ 临时关系中一张表不能有两张主表(除非这两张主表是通过子表的同一个主控索引建立的临时关系),永久关系则不然。

(10)用命令方式操作数据库(如表 1-4-2 所示)

表 1-4-2 命令格式及功能

命令格式	功能
CREATE DATABASE 库文件名	创建新的数据库文件
OPEN DATABASE 库文件名	打开指定的库文件
CLOSE DATABASE	关闭当前的数据库和数据表
CLOSE ALL	关闭所有的数据库和数据表,并把工作区 1 置为当前工作区,同时还关闭一些窗口
MODIFY DATABASE	修改当前库文件结构
DELETE DATABASE 库文件名	删除指定的库文件
OPEN DATABASE 库文件名 ADD TABLE 表名	在数据库中添加表
OPEN DATABASE 库文件名 REMOVE TABLE 表名	将表从数据库中移去
OPEN DATABASE 库文件名 REMOVE TABLE 表文件名 DELETE	将表从数据库中移去并从盘上删除
USE 库文件名 ! 表名 BROWSE	"!"表示引用一个不在当前数据库中的表
SET RELATION TO 关系表达式 INTO 区号 | 别名	建立表之间的临时关系
SET RELATION TO	删除表之间的临时关系
ALTER TABLE 子表名 ADD FOREIGN KEY 索引关键字 TAG 索引标识 REFERENCES 父表名 [TAG 索引标识]	创建永久关系
ALTER TABLE 子表名 DROP FOREIGN KEY TAG 索引标识	删除永久关系

(11)查看和设置数据库的属性

① 用 DBGETPROP 函数查看数据库属性,命令格式为:DBGETPROP(cName,cType,cProperty)。

② 用 DBSETPROP 函数设置数据库属性,命令格式为:命令格式:DBSETPROP(cName,cType,cProperty,eProperty)。

③ 用 DBSETPROP 函数给表中字段添加标题和说明,一般格式为:DBSETPROP('表名.字段名', 'field', 'caption|comment', '标题|说明')。

例如:

```
DBSETPROP('xs.xh','field','caption','学号')
DBSETPROP('cj.xh','field','comment','本表学号应与学生表中的学号对应')
```

四、实验内容

① 分别建立"学生"、"选课"和"课程"3 个自由表（如表 1-4-3～表 1-4-5 所示）。

② 新建一个名为"学生"的数据库。

③ 将"学生"、"选课"和"课程"3 个自由表添加到新建的数据库"学生"中。

④ 通过"学号"字段为"学生"表和"选课"表建立永久联系。

⑤ 为上面建立的联系设置参照完整性约束：更新和删除规则为"级联"，插入规则为"限制"。

表 1-4-3 "学生"表结构

字段名	类型	宽度
学号	字符型	2
姓名	字符型	10
性别	字符型	2
年龄	整型	4
系	字符型	1

表 1-4-4 "课程"表结构

字段名	类型	宽度
课程号	字符型	2
课程名称	字符型	10

表 1-4-5 "选课"表结构

字段名	类型	宽度
学号	字符型	2
课程号	字符型	2
成绩	整型	4

⑥ 为"学生"表中的"年龄"字段设置字段级有效性规则，使其输入的数据介于 8～40 之间。一旦"年龄"字段的值小于 8 或大于 40，系统将出现错误提示，表明此输入无效。

实验五　查询与 SQL

一、实验目的

- 掌握用【查询设计器】建立查询的方法。
- 掌握用查询向导建立查询的方法。
- 掌握用 SQL 语句建立单表查询的方法。
- 掌握用 SQL 语句建立多表查询的方法。
- 掌握用 SQL 语句建立条件查询的方法。
- 掌握用 SQL 语句建立分组查询的方法。
- 掌握使用多种查询输出结果的操作。

二、实验环境

- 操作系统为 Windows NT 或者 Windows XP。
- 安装软件为中文版 Visual FoxPro 6.0。

三、实验知识点

1. 简单查询

简单的 SQL 查询只包括选择列表、FROM 子句和 WHERE 子句。它们分别说明所查询列、查询的表或视图以及搜索条件等。

例如，下面的语句查询 testtable 表中姓名为"张三"的 name 字段和 email 字段。

```
SELECT name,email
FROM testtable WHERE name='张三'
```

（1）选择列表

选择列表（select_list）指出所查询列，它可以由一组列名列表、星号、表达式、变量（包括局部变量和全局变量）等构成。

① 选择所有列。例如，下面语句显示 testtable 表中所有列的数据：

```
SELECT * FROM testtable
```

② 选择部分列并指定它们的显示次序。查询结果集合中数据的排列顺序与选择列表中所指定的列名排列顺序相同。例如：

```
SELECT nickname,email FROM testtable
```

③ 删除重复行。SELECT 语句中使用 ALL 或 DISTINCT 选项来显示表中符合条件的所有行或删除其中重复的数据行，默认为 ALL。使用 DISTINCT 选项时，对于所有重复的数据行在 SELECT 返回的结果集合中只保留一行。

④ 限制返回的行数。使用 TOP n [PERCENT]选项限制返回的数据行数，TOP n 说明返回 n 行，而 TOP n PERCENT 说明 n 表示一个百分数，指定返回的行数等于总行数的百分之几。例如：

```
SELECT TOP 2 * FROM testtable
SELECT TOP 20 PERCENT * FROM testtable
```

（2）FROM 子句

FROM 子句指定 SELECT 语句查询及与查询相关的表或视图。在 FROM 子句中最多可指定 256 个表或视图，它们之间用逗号分隔。在 FROM 子句同时指定多个表或视图时，如果选择列表中存在同名列，这时应使用对象名限定这些列所属的表或视图。

例如，在 usertable 和 citytable 表中同时存在 cityid 列，在查询两个表中的 cityid 时应使用下面语句格式加以限定：

```
SELECT username,citytable.cityid
FROM usertable,citytable
WHERE usertable.cityid=citytable.cityid
```

在 FROM 子句中可用以下两种格式为表或视图指定别名： 表名 as 别名或表名别名

例如，上面语句可用表的别名格式表示为：

```
SELECT username,b.cityid
FROM usertable a,citytable b
WHERE a.cityid=b.cityid
```

SELECT 不仅能从表或视图中检索数据，它还能够从其他查询语句所返回的结果集合中查询数据。例如：

```
SELECT a.au_fname+a.au_lname
FROM authors a,titleauthor ta (SELECT title_id,title FROM titles WHERE;
ytd_sales>10000 )
AS t WHERE a.au_id=ta.au_id AND ta.title_id=t.title_id
```

此例中，将 SELECT 返回的结果集合给出一别名 t，然后再从中检索数据。

（3）使用 WHERE 子句设置查询条件

WHERE 子句设置查询条件，过滤掉不需要的数据行。例如，下面语句查询年龄大于 20 的数据：

```
SELECT * FROM usertable
WHERE age>20
```

WHERE 子句可包括以下条件运算符：

① 比较运算符（大小比较）：>、>=、=、<、<=、<>、!>、!<

② 范围运算符（表达式值是否在指定的范围）：BETWEEN…AND…NOT；BETWEEN…AND…

③ 列表运算符（判断表达式是否为列表中的指定项）：IN (项 1,项 2，……); NOT IN

(项 1,项 2，……)

　　④ 模式匹配符（判断值是否与指定的字符通配格式相符）：LIKE、NOT LIKE

　　⑤ 空值判断符（判断表达式是否为空）：IS NULL、NOT IS NULL

　　⑥ 逻辑运算符（用于多条件的逻辑连接）：NOT、AND、OR

　　（4）查询结果排序

　　使用 ORDER BY 子句对查询返回的结果按一列或多列排序。ORDER BY 子句的语法为：

ORDER BY {column_name [ASC|DESC]} [,…n]

其中，ASC 表示升序，为默认值；DESC 为降序。ORDER BY 不能按 ntext、text 和 image 数据类型进行排序。例如：

```
SELECT * FROM usertable ORDER BY age desc,userid ASC
```

另外，可以根据表达式进行排序。

　　2. 联合查询

　　UNION 运算符可以将两个或两个以上 SELECT 语句的查询结果集合合并成一个结果集合显示，即执行联合查询。UNION 的语法格式为：

select_statement UNION [ALL] select_statement [UNION [ALL] select_statement] [,…n]

其中，select_statement 为待联合的 SELECT 查询语句；ALL 选项表示将所有行合并到结果集合中。不指定该项时，被联合查询结果集合中的重复行将只保留一行。

　　联合查询时，查询结果的列标题为第一个查询语句的列标题，因此，要定义列标题必须在第一个查询语句中定义。要对联合查询结果排序时，也必须使用第一查询语句中的列名、列标题或者列序号。

　　在使用 UNION 运算符时，应保证每个联合查询语句的选择列表中有相同数量的表达式，并且每个查询选择表达式应具有相同的数据类型，或是可以自动将它们转换为相同的数据类型。在自动转换时，对于数值类型，系统将低精度的数据类型转换为高精度的数据类型。在包括多个查询的 UNION 语句中，其执行顺序是自左至右，使用括号可以改变这一执行顺序。例如：

查询 1 UNION (查询 2 UNION 查询 3)

　　3. 连接查询

　　通过连接运算符可以实现多个表查询。连接是关系数据库模型的主要特点，也是它区别于其他类型数据库管理系统的一个标志。

　　在关系数据库管理系统中，表建立时各数据之间的关系不必确定，常把一个实体的所有信息存放在一个表中。当检索数据时，通过连接操作查询出存放在多个表中的不同实体的信息。连接操作给用户带来很大的灵活性，他们可以在任何时候增加新的数据类型。为不同实体创建新的表，然后通过连接进行查询。

连接可以在 SELECT 语句的 FROM 子句或 WHERE 子句中建立，在 FROM 子句中指出连接时有助于将连接操作与 WHERE 子句中的搜索条件区分开来，所以，在 SQL 中推荐使用这种方法。SQL 标准所定义的 FROM 子句的连接语法格式为：

FROM join_table join_type join_table
　　[ON (join_condition)]

其中，join_table 指出参与连接操作的表名，连接可以对同一个表操作，也可以对多表操作，对同一个表操作的连接又称作自连接。

join_type 指出连接类型，可分为：内连接、外连接和交叉连接 3 种。内连接（inner join）使用比较运算符进行表间某些列数据的比较操作，并列出这些表中与连接条件相匹配的数据行。根据所使用的比较方式不同，内连接又分为等值连接、自然连接和不等连接 3 种。

外连接分为左外连接（left outer join 或 left join）、右外连接（right outer join 或 right join）和全外连接（full outer join 或 full join）3 种。与内连接不同的是，外连接不只列出与连接条件相匹配的行，而是列出左表（左外连接时）、右表（右外连接时）或两个表（全外连接时）中所有符合搜索条件的数据行。

交叉连接（cross join）没有 WHERE 子句，它返回连接表中所有数据行的笛卡尔积，其结果集合中的数据行数等于第 1 个表中符合查询条件的数据行数乘以第 2 个表中符合查询条件的数据行数。

连接操作中的 ON 子句指出连接条件，它由被连接表中的列和比较运算符、逻辑运算符等构成。

无论哪种连接都不能对 text、ntext 和 image 数据类型列进行直接连接，但可以对这 3 种列进行间接连接。例如：

```
SELECT p1.pub_id,p2.pub_id,p1.pr_info
FROM pub_info AS p1 INNER JOIN pub_info AS p2
    ON DATALENGTH(p1.pr_info)=DATALENGTH(p2.pr_info)
```

四、实验内容

① 已知有以下 5 个数据表（xsda，jsj，wy，tjyl，xscjpd）已创建完成，其结构如表 1-5-1～表 1-5-5 所示。

表 1-5-1　学生档案（xsda）结构

字段名	字段类型	字段宽度	小数位数	索引类型
学号	字符型	8	—	候选索引
姓名	字符型	8	—	—
性别	字符型	2	—	—

表 1-5-2　计算机单科成绩（sjs）结构

字段名	字段类型	字段宽度	小数位数	索引类型
学号	字符型	8	—	候选索引
成绩	数值型	5	2	—

表 1-5-3　外语单科成绩（wy）结构

字段名	字段类型	字段宽度	小数位数	索引类型
学号	字符型	8	—	候选索引
成绩	数值型	5	2	—

表 1-5-4　统计原理单科成绩（tjyl）结构

字段名	字段类型	字段宽度	小数位数	索引类型
学号	字符型	8	—	候选索引
成绩	数值型	5	2	—

表 1-5-5　成绩评定（xscjpd）结构

字段名	字段类型	字段宽度	小数位数	索引类型
学号	字符型	8	—	—
姓名	字符型	8	—	—
性别	字符型	2	—	—
计算机	字符型	5	2	—
外语	字符型	5	2	—
统计原理	字符型	5	2	—
总平均	字符型	5	2	—
名次	字符型	4	—	—

② 用【查询设计器】建立一个查询文件"计算机.qpr"。

③ 用【查询向导】建立一个查询文件"外语成绩.qpr"。

④ 用 SQL 语句建立一个查询，运行查询，其结果为"学号，姓名，统计原理"3 个字段的数据。

⑤ 用 SQL 语句建立一个查询，运行查询，其结果为"学号，姓名，总平均，名次" 4 个字段的数据。

⑥ 用 SQL 语句建立一个查询，运行查询，其结果为"xsda.dbf"中全体同学的"xsda.学号，xsda.姓名"，"jsj.dbf"中的"成绩"，"wy.dbf"中的"成绩"，"tjyl.dbf"中的"成绩" 5 个字段的数据。

⑦ 用 SQL 语句建立一个查询，运行查询，其结果为"xscjpd.dbf"中全体男同学的 "xscjpd.学号，xscjpd.姓名，xscjpd.性别，xscjpd.总平均" 4 个字段的数据。

⑧ 用 SQL 语句建立一个查询，运行查询，其结果为"xscjpd.dbf"中男、女同学的总平均成绩的总和、平均、最高分和最低分。

⑨ 用 SQL 语句建立一个查询，运行查询，其结果为"xscjpd.dbf"中男、女同学的总平均成绩的总和、平均、最高分和最低分，创建一个新表"按性别分组.dbf"。

⑩ 利用数据表"xscjpd.dbf"为数据资源，建立一个查询文件"综合成绩.qpr"，其查询结果为图形。

实验六 创建视图

一、实验目的

● 掌握创建视图的方法。
● 掌握视图的常用操作。

二、实验环境

● 操作系统为 Windows NT 或者 Windows XP。
● 安装软件为中文版 Visual FoxPro 6.0。

三、实验知识点

1. 视图的特点

① 视图是存在于数据库中的一个虚表，不以独立的文件形式保存。
② 视图中的数据是可以更改的，它不仅具有查询的功能，且可以把更新结果反映到源数据表中。
③ 视图打开时，其基表自动打开，但视图关闭时，其基表并不随之自动关闭。
④ 视图的数据源可以是自由表、数据库表或另一个视图。

2. 用视图设计器创建本地视图

① 从【项目管理器】中选择一个数据库，然后选择"本地视图"，单击【新建】按钮。
② 选择"新建视图"，添加所需的数据表。
③ 在【视图设计器】中按照与创建查询相同的步骤建立视图。
④ 设置更新条件，保存视图，输入视图名称，关闭【视图设计器】。

3. 用视图向导创建本地视图

① 从【项目管理器】中选择一个数据库，然后选择"本地视图"，单击【新建】按钮。
② 选择【视图向导】，选取字段，设置关联表，记录操作范围，筛选记录，排序记录，选择保存方式。

4. 用 CREATE SQL VIEW 命令创建视图

打开数据库，用命令来创建视图：
OPEN DATABASE 数据库名
CREATE SQL VIEW 视图文件名 AS SQL-SELECT 语句
例如：

```
OPEN DATABASE SJ
CREAT SQL VIEW SCORE AS SELECT SJCJ.XH, SJCJ.CJ ;
FROM SJCJ WHERE SJCJ.KCH="计算机基础"
```

5. 视图的使用

用菜单方式对视图中的记录进行编辑的方法与操作数据表相同。也可用如表 1-6-1 所示的命令操作。

表 1-6-1　视图操作基本命令

功　能	命 令 格 式
打开视图文件并浏览	OPEN DATABASE 数据库名 USE 视图文件名 BROWSE
修改视图	MODIFY VIEW 视图文件名
视图重命名	RENAME VIEW 原视图文件名 TO 新视图文件名
删除视图	DELETE VIEW 视图文件名

6. 利用视图更新源表数据

可在【视图设计器】的更新条件页面中进行如下设置来实现对源表数据的更新。

① 从表框中选择想要更新的源表。

② 在字段名框中单击一个字段前关键列 B 和更新列 ！，使其作为主关键字和可更新字段。

③ 选中【发送 SQL 更新】复选框。

四、实验内容

① 创建自由表"商品表"。表结构如表 1-6-2 所示。

② 建立项目文件，文件名为 myProj。

③ 在项目 myProj 中新建数据库，文件名为 mydb。

④ 将自由表"商品表"添加到数据库中。

⑤ 对数据库"mydb"，使用【视图向导】建立视图"myview"，显示表"商品表"中所有字段，并按"商品号"排序（升序）。

表 1-6-2　"商品"表结构

字段名	类型	宽度	小数位数
商品号	字符型	4	
商品名	字符型	20	
单价	数值型	8	2
出厂单价	数值型	8	2
产地	字符型	20	

实验七　程序设计基础

一、实验目的

- 掌握常用的输入、输出语句的使用。
- 掌握程序的基本语句结构。
- 掌握子程序、过程文件调用的方法。
- 了解变量的定义方法和不同的作用域。
- 了解参数的传递。

二、实验环境

- 操作系统为 Windows NT 或者 Windows XP。
- 安装软件为中文版 Visual FoxPro 6.0。

三、实验知识点

Visual FoxPro 将结构化程序设计与面向对象程序设计结合在一起,帮助用户创建出功能强大和灵活多变的应用程序。从概念上讲,程序设计就是为了完成某一具体任务而编写一系列指令;从更深一层来看,Visual FoxPro 程序实际涉及对存储数据的操作。用户不仅可以通过交互方式利用它进行数据管理工作,而且可以通过创建应用程序来充分发挥它的全部功能。本实验主要介绍创建与运行程序,以及程序的控制结构等。

1. 创建与运行程序

Visual FoxPro 程序是包含一系列命令的程序文件。在 Visual FoxPro 中,可以通过 3 种途径创建程序文件,运行的方法也可以有多种。

（1）创建程序文件

在【命令】窗口键入命令：MODIFY COMMAND [<程序文件名>]

功能：打开程序编辑窗口,用来建立或修改程序文件。

（2）使用系统菜单

① 选择【文件】|【新建】菜单命令或单击工具栏上的【新建】按钮,打开【新建】对话框。

② 在【新建】对话框中选中【程序】单选项。单击【新建文件】按钮,打开程序编辑窗口。

（3）利用【项目管理器】

① 选择【文件】|【新建】菜单命令或单击工具栏上的【新建】按钮,打开【新建】对话框。

② 在【新建】对话框中选中【项目】单选项。单击【新建文件】按钮,打开【创

建】对话框。

③ 在【创建】对话框中键入项目文件名,单击【保存】按钮,打开【项目管理器】对话框。

④ 在【项目管理器】对话框中,单击"代码"前的"加号(+)",再单击"程序",如图 1-7-1 所示,然后单击【新建】按钮,打开程序编辑窗口。

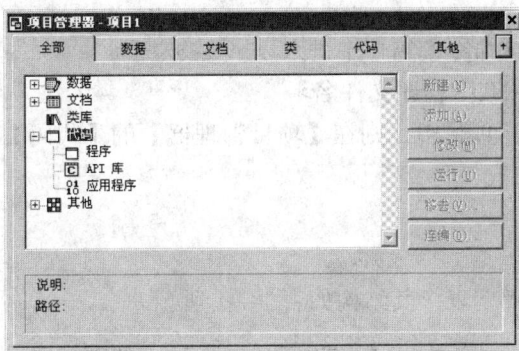

图 1-7-1 【项目管理器】对话框

用以上方法打开【程序编辑器】后,就可以输入程序命令了,然后保存程序,保存程序的方法:选择【文件】|【保存】菜单命令或单击工具栏上的【保存】按钮,打开【另存为】对话框,输入文件名保存文件,程序文件的扩展名为.prg。

2. 运行与修改程序

(1)运行程序

程序建立好以后,就可以运行程序了。其运行的方法有以下几种。

① 在【项目管理器】对话框中,单击【运行】按钮。

② 选择【程序】|【运行】菜单命令。

③ 在程序编辑窗口未关闭时,单击【常用】工具栏上的【运行】按钮。

④ 在【命令】窗口键入命令:DO <程序文件名>

Visual FoxPro 程序可以通过编译获得目标程序,目标程序是紧凑的非文本文件,运行速度快,并可起到对源程序加密的作用。

实际上 Visual FoxPro 只运行目标程序。对于新建或已被修改的 Visual FoxPro 程序,执行 DO 命令时 Visual FoxPro 会自动对它编译并产生与主程序文件名相同的目标程序,然后执行该目标程序。

目标程序的扩展名也因源程序而异,如.prg 程序的目标程序的扩展名为.fxp;查询程序的目标程序的扩展名为.qpx。

如果命令格式中的文件名未指定扩展名,系统则按以下的顺序寻找文件:

● .exe(可执行文件)

● .app(应用程序文件)

● .fxp(编译的程序文件)

- .prg（程序文件）

（2）打开程序文件

程序保存后可以对它进行修改，但首先要打开程序文件。

① 菜单方式：选择【文件】|【打开】菜单命令，在【文件类型】下拉式列表框中选择"程序"选项，然后在文件列表框中选定要修改的程序，单击【确定】按钮完成操作。

② 命令方式：在【命令】窗口中键入以下命令：

MODIFY COMMAND <程序文件名>

③ 若程序包含在一项目中，则在【项目管理器】的【代码】选项卡中选定它并选择【修改】命令。

四、实验内容

① 新建一个成绩评定表，其结构如表 1-7-1 所示。

表 1-7-1　成绩评定（xscjpd）结构

字段名	字段类型	字段宽度	小数位数	索引类型
学号	字符型	8	—	—
姓名	字符型	8	—	—
性别	字符型	2	—	—
计算机	字符型	5	2	—
外语	字符型	5	2	—
统计原理	字符型	5	2	—
总平均	字符型	5	2	—
名次	字符型	4	—	—

② 求出数据表"xscjpd.dbf"中总平均为任意分数段的学生数。

③ 输出数据表"xscjpd.dbf"中任意一门课程的成绩。

④ 输出数据表"xscjpd.dbf"中女同学总平均为 80 分以下的人数，并显示其记录内容。

⑤ 输出数据表"xscjpd.dbf"中，不同课程的最高分和最低分同学的记录内容。

⑥ 编写一个过程文件，输出至数据表"xscjpd.dbf"中，不同课程的最高分和最低分同学的记录内容。

⑦ 编写一个程序，从键盘输入 10 个数，然后找出其中的最大值和最小值。

⑧ 输出 3～100 之间的所有素数。

小提示　除了1和它本身之外不能被一个整数所整除的自然数叫做质数。除去 2 以外，其他质数都是奇数又称为素数。要判断一个数 m 是否为素数，最直观的方法是，用 3～(m-1)的各个整数一个一个去除 m，如果都除不尽，m 就是素数。只要有一个能整除，m 就不是素数。

实验八　表单的设计与使用

一、实验目的

- 掌握利用【表单设计器】设计表单的方法。
- 掌握表单控件属性的定义。
- 掌握表单控件事件、方法的定义。
- 掌握表单控件的合理组合。
- 掌握对象的调用方法。
- 掌握用程序方式设计表单的方法。
- 掌握表单属性的设计。

二、实验环境

- 操作系统为 Windows NT 或者 Windows XP。
- 安装软件为中文版 Visual FoxPro 6.0。

三、实验知识点

1. 基本概念

（1）名词解释

表单：即用户与计算机进行交流的一种屏幕界面，用于数据的显示、输入和修改。该界面可以自行设计和定义，是一种容器类，可包括多个控件（或称对象）。

表单集：可包含一张或多张表单的容器。

数据环境：在打开或修改一个表单或报表时需要打开的全部表、视图和关系。它以窗口形式（类似于【数据库设计器】）反映出与表单有关的表、视图和表之间关系等内容。可以用【数据环境设计器】来创建和修改表单的数据环境。

（2）表单设计界面

表单设计界面主要包括【表单向导】、【表单设计器】、【表单设计器】工具栏、【表单控件】工具栏和【属性】窗口。

（3）表单设计中常用的属性、事件与方法

表单设计中常用的属性、事件与方法如表 1-8-1 所示。

表 1-8-1　表单设计中常用的属性、事件与方法

属性、事件、方法	说明	默认值
AlwaysOnTop 属性	控制表单是否总是处在其他打开窗口之上	假(.F.)
AutoCenter 属性	控制表单初始化时是否让表单自动地在 Visual FoxPro 主窗口中居中	假(.F.)
BackColor 属性	决定表单窗口的颜色	255,255,255

续表

属性、事件、方法	说明	默认值
BorderStyle 属性	决定表单是否有边框，若有边框，是单线边框、双线边框还是系统边框。如果 BorderStyle 为 3(系统)，用户可重新改变表单大小	3
Caption 属性	决定表单标题栏显示的文本	Forml
Closable 属性	控制用户是否能通过双击"关闭"框来关闭表单	真(.T.)
MaxButton 属性	控制表单是否具有最大化按钮	真(.T.)
MinButton 属性	控制表单是否具有最小化按钮	真(.T.)
Movable 属性	控制表单是否能移动到屏幕的新位置	真(.T.)
WindowState 属性	控制表单是最小化、最大化还是正常状态	0 正常
WindowType 属性	控制表单是非模式表单(默认)还是模式表单。如果表单是模式表单，用户在访问应用程序用户界面中任何其他单元前必须关闭该表单	0 非模式
Activate 事件	当激活表单时发生	
Click 事件	在控制上单击鼠标左键时发生	
DblClick 事件	在控制上双击鼠标左键时发生	
Destroy 事件	当释放一个对象的实例时发生	
Init 事件	在创建表单对象时发生	
Error 事件	当某方法(过程)在运行出错时发生	
KeyPress 事件	当按下并释放某个键时发生	
Load 事件	在创建表单对象前发生	
Unload 事件	当对象释放时发生	
RightClick 事件	在单击鼠标右键时发生	
AddObject 方法	运行时，在容器对象中添加对象	
Move 方法	移动一个对象	
Refresh 方法	重画表单或控制，并刷新所有值	
Release 方法	从内存中释放表单	
Show 方法	显示一张表单	

2. 创建表单

可以用【表单向导】、【表单设计器】、【表单生成器】和编程 4 种方法创建表单。

（1）利用向导创建表单

① 创建单张表的表单。选择【文件】|【新建】|【表单】|【向导】（或从【常用】工具栏上选择"表单（F）"）命令，选择"表单向导"，选取字段，选择样式，选择排序记录，选择保存方式，最后给出合适的文件名和保存位置。

② 创建多个相关表的表单

选择【文件】|【新建】|【表单】|【向导】（或从【常用】工具栏上选择"表单（F）"）命令，选择"一对多表单向导"，选取父表字段，选取子表字段，选定关系，选择样式，选择排序记录，选择保存方式，最后给出合适的文件名和保存位置。

小提示　　　用表单向导创建的表单一般含有一组标准的命令按钮。

表单保存后系统会产生两个文件：表单文件，扩展名为.scx；表单备注，扩展名为.sct。

（2）利用表单生成器创建表单

选择【文件】|【新建】|【表单】|【新建文件】命令即可。

四、实验内容

① 分别创建学生、课程和选课 3 个数据表，它们的表结构如表 1-8-2～表 1-8-4 所示。

表 1-8-2 "学生"表结构

字段名	字段类型	字段宽度	小数位数	索引类型
学号	字符型	2	—	—
姓名	字符型	10	—	—
性别	字符型	2	—	—
年龄	整型	4	—	—
所在系	字符型	4	—	—

表 1-8-3 "课程"表结构

字段名	字段类型	字段宽度	小数位数	索引类型
课程号	字符型	2		
课程名称	字符型	10		

表 1-8-4 "选课"表结构

字段名	字段类型	字段宽度	小数位数	索引类型
学号	字符型	2		
课程号	字符型	2		
成绩	整型	4		

② 在【命令】窗口中输入 CREATE FORM myform 建立新的表单，如图 1-8-1 所示。

③ 选择【显示】|【数据环境】菜单命令，右击【数据环境】窗口，选择【添加】命令，在打开的对话框中分别选择"学生"表、"课程"表和"选课"表。

④ 在表单里添加一个页框控件，设置其属性 PageCount 为 3，右键单击页框，选择【编辑】命令，对 3 个页面进行编辑。分别设置页面的 Caption 属性为学生、课程和选课。将数据环境里的 3 个表分别拖入对应页面中。

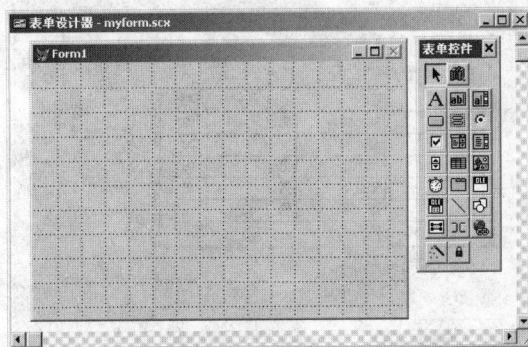

图 1-8-1 通过命令建立新表单

⑤ 在表单里添加一个选项按钮组控件，设置其属性 ButtonCount 为 3，右键单击选项按钮组，选择【编辑】命令，对 3 个按钮进行编辑。分别设置按钮的 Caption 属性为学生、课程和选课。完成后的表单如图 1-8-2 所示。

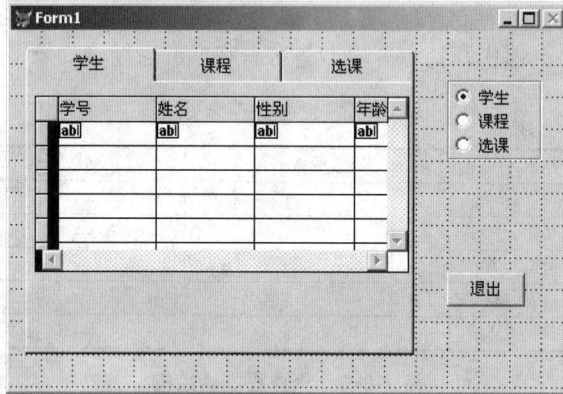

图 1-8-2　完成后的表单

⑥ 双击选项按钮组控件，在其 Click 事件里输入下列代码：

```
do case
    case this.Value=1
        thisform.pageframe1.ActivePage=1
    case this.Value=2
        thisform.pageframe1.ActivePage=2
    case this.Value=3
        thisform.pageframe1.ActivePage=3
endcase
```

⑦ 在表单里添加一个命令按钮，设置其 Caption 属性为"退出"。双击"退出"按钮，在其 Click 事件里输入下列代码：

```
thisform.release
```

⑧ 保存表单，文件名为 myform。运行表单效果如图 1-8-3 所示。

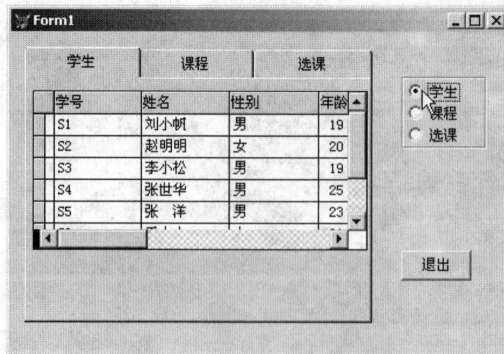

图 1-8-3　运行表单效果

实验九　菜单的建立与使用

一、实验目的

- 掌握菜单、菜单项和子菜单的创建方法。
- 掌握创建快捷菜单的方法。

二、实验环境

- 操作系统为 Windows NT 或者 Windows XP。
- 安装软件为中文版 Visual FoxPro 6.0。

三、实验知识点

1. 菜单系统规划

（1）设计原则

① 根据用户任务组织菜单系统。

② 给每个菜单和菜单选项设置一个意义明了的标题。

③ 按照估计的菜单项使用频率、逻辑顺序或字母顺序组织菜单项。

④ 在菜单项的逻辑组之间放置分隔线。

⑤ 给每个菜单和菜单选项设置热键或键盘快捷键。

⑥ 将菜单上菜单项的数目限制在一个屏幕之内，如果超过了一屏，则应为其中一些菜单项创建子菜单。

⑦ 在菜单项中混合使用大小写字母，只有强调时才全部使用大写字母。

（2）设计步骤

① 菜单系统规划。

② 建立菜单和子菜单。

③ 将任务分派到菜单系统中。

④ 生成菜单程序。

⑤ 测试并运行菜单系统。

2. 创建菜单

（1）用菜单设计器创建菜单

选择【文件】|【新建】|【菜单】|【新建文件】命令，在【菜单设计器】中逐项设计所需菜单（或选择菜单中的快速菜单，生成通用的菜单），预览设计效果，单击【确定】按钮，然后关闭【菜单设计器】，输入文件名及保存位置，选择【菜单】|【生成...】命令，在对话框中单击【生成】按钮（可更改菜单程序文件的文件名和保存位置再生成）。

菜单设计器关闭后，系统产生两个文件：菜单定义文件，扩展名为.mnx；菜单备注文件，扩展名为.mnt。

选择【菜单】|【生成】命令，系统自动生成同名的菜单程序文件，扩展名为.mpr。

（2）用命令创建菜单

命令格式：CREATE MENU [<菜单文件名> | ?]

功能：打开菜单设计器进行菜单设计。

（3）运行菜单程序

设计好菜单并生成菜单程序文件后，即可选择菜单【程序】|【运行】命令来执行此程序。或在【命令】窗口中输入：DO 菜单文件名.mpr。运行菜单程序文件后，系统又产生一个同名的编译后的程序文件，扩展名为.mpx。

（4）创建快捷菜单

选择【文件】|【新建】|【菜单】|【新建文件】命令，选择"快捷菜单"，进入【快捷菜单设计器】窗口，按设计一般菜单的方式设计快捷菜单，并保存文件，在【表单设计器】中给调用此快捷菜单的控件编写代码：DO 快捷菜单名.mpr，运行表单即可看到快捷菜单的作用。

（5）创建 SDI 菜单

选择【文件】|【新建】|【菜单】|【新建文件】命令，选择"菜单"，进入【菜单设计器】，按设计一般菜单的方式设计 SDI 菜单，从显示菜单中选择【常规】选项，在【常规选项】对话框中勾选"顶层表单前"复选框，生成并保存文件，在【表单设计器】中给调用此 SDI 菜单的表单的 INIT 事件编写代码：DO SDI 菜单名.mpr WITH THIS,.T.，将表单的 ShowWindow 属性设置为 2，运行表单即可看到 SDI 菜单的作用。

四、实验内容

设计一个简单的菜单程序 MyMenu.prg，能显示功能菜单，并根据使用者的选择，完成对数据表文件中记录的追加、修改、删除及查询，执行某功能后，仍返回主菜单，只有选择"退出"项，才会结束程序运行。

MyMenu.prg 流程图如图 1-9-1 所示。

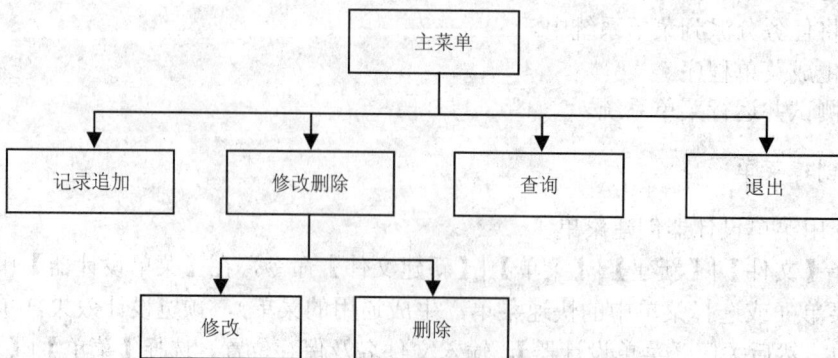

图 1-9-1   MyMenu.prg 流程图

五、实验步骤

1. 启动菜单设计器

选择【文件】|【新建】菜单命令，在打开的对话框中单击【菜单】单选按钮，然后单击【新建文件】按钮，接着在【新建菜单】对话框中单击【菜单】按钮，即打开【菜单设计器】窗口；如图1-9-2所示。

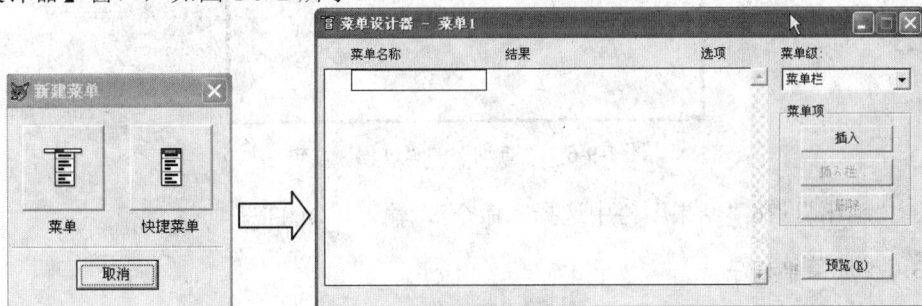

图1-9-2　启动【菜单设计器】

2. 创建菜单

在"菜单名称"栏中输入以下内容。

① "记录追加"。在"结果"栏中选择"命令"，输入"APPEND"，如图1-9-3所示。

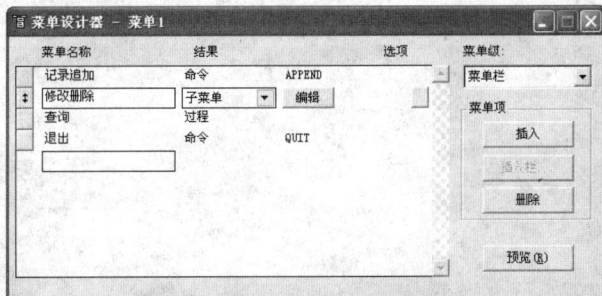

图1-9-3　添加了命令的菜单

② "修改删除"。在"结果"栏中选择"子菜单"，单击【创建】按钮，进入二级菜单的编辑，在二级菜单的"菜单名称"栏中分别输入"修改"、"删除"，在"结果"栏中选择"命令"，分别输入"BROWSE"、"DO SQ1.prg"，如图1-9-4和图1-9-5所示。

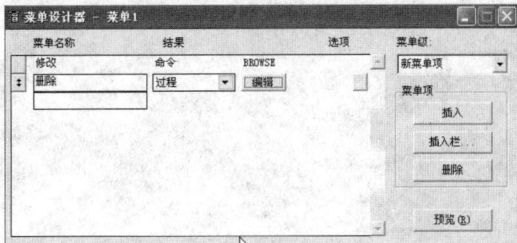

图1-9-4　编辑二级子菜单

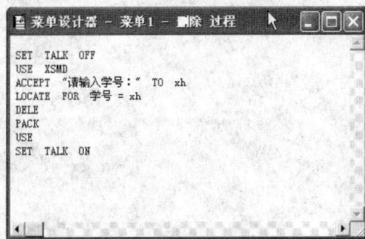

图1-9-5　编写SQ1.prg

③“查询”。在“结果”栏中选择“过程”，如图 1-9-6 所示。

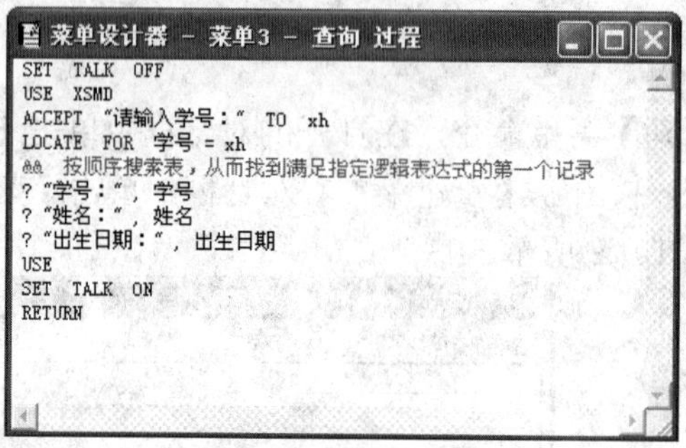
菜单设计器 - 菜单3 - 查询 过程
SET TALK OFF
USE XSMD
ACCEPT "请输入学号：" TO xh
LOCATE FOR 学号 = xh
&& 按顺序搜索表，从而找到满足指定逻辑表达式的第一个记录
? "学号：", 学号
? "姓名：", 姓名
? "出生日期：", 出生日期
USE
SET TALK ON
RETURN

图 1-9-6 “查询”的“过程”编辑

④“退出”，在“结果”栏中选择“命令”，输入“QUIT”。

3. 生成菜单程序

选择【菜单】|【生成】命令，就会生成扩展名为.mpr 的菜单程序文件。

4. 运行菜单系统

选择【程序】|【运行】菜单命令，运行此程序。

实验十 报 表 设 计

一、实验目的

- 掌握用【报表向导】设计报表的方法。
- 掌握用【报表设计器】设计报表的方法。
- 掌握报表的输出方式。

二、实验环境

- 操作系统为 Windows NT 或者 Windows XP。
- 安装软件为中文版 Visual FoxPro 6.0。

三、实验知识点

1. 报表

报表是通过打印机将所需的记录用书面形式输出来的一种方式。报表保存后系统会产生两个文件：报表定义文件，扩展名为.frx；报表备注文件，扩展名为.frt。

2. 报表的数据来源

① 浏览结果：报表中包含全部记录和字段。
② 查询结果：由查询产生的特定记录和字段。

3. 报表向导类型

① 报表向导：创建一张带格式的单张表的报表。
② 分组/总计报表向导：创建一张单张表的总结报表，提供每组数据的总计值。
③ 一对多报表向导：创建一张包含父表记录和相关子表记录的报表。

4. 使用菜单创建报表

（1）用【报表向导】创建
用来创建简单的单表或多表报表，方法如下。

选择【文件】|【新建】|【报表】|【向导】命令（或从【常用】工具栏上选"报表（R）"），选择向导类型，选择字段，选择样式和布局，选择排序字段，选择保存方式，最后设置文件名及保存位置。

（2）用【报表设计器】创建
（3）修改已有的报表或创建自己的报表

① 快速报表方式：从单张表中创建一个简单报表。选择【文件】|【新建】|【报表】|【新建文件】|【报表】菜单，选择【快速报表】，打开所需数据表并选择布局，选择字

段，单击【确定】按钮，关闭【报表设计器】（最好先预览一下），给出文件名及保存位置。

② 自行设计方式：创建用户自定义格式的报表。选择【文件】|【新建】|【报表】|【新建文件】|【显示】菜单，选择【数据环境】，设置数据环境（将所需的数据表添加进来），将所需字段拖到细节区，在标题、页标头、页注脚和总结区分别用标签方式填上所需内容并设置其格式，关闭【报表设计器】（最好先预览一下），给出文件名及保存位置。

5．用命令方式创建报表

① 命令格式：CREATE REPORT [文件名 | ？]
功能：打开【报表设计器】，用【报表设计器】创建报表。
② 命令格式：CREATE REPORT 文件名 FROM 文件名 2 [FIELDS <字段名 1，字段名 2，…>]

功能：可以不打开【报表设计器】就能创建一张包含特定字段的快速报表。无[FIELDS…]时，报表中的字段与数据表相同。

6．修改报表

（1）给报表添加带区（如表 1-10-1 所示）
在默认情况下，【报表设计器】显示 3 个带区：页标头、细节和页注脚。

表 1-10-1　可给报表添加的带区

带区	打印	典型内容
标题	每个报表一次	标题、日期或页码、公司标微、标题周围的框
列标头	每列一次	列标题
列脚	每列一次	总结，总计
组标头	每组一次	数据前面的文本
组脚	每组一次	组数据的计算结果值
总结	总结、"Grand Totals" 等文本	

（2）改变报表的列标签
在【报表设计器】中，利用【报表控制】工具栏上的【标签】工具设置。
（3）修改报表表达式
在【报表设计器】中，双击需要修改的字段，在【表达式】对话框中输入新表达式。
（4）增加表格线
在【报表设计器】中，利用【报表控制】工具栏上的【线条】工具来绘制表格线。
（5）字体设置
利用【格式】菜单中的【字体】命令。
（6）布局设置
利用【格式】菜单或【布局】工具栏。

（7）在报表中使用数据分组、汇总区

必须首先对表进行索引，否则容易出错。

四、实验内容

根据表"man.dbf"中的数据（如表 1-10-2 所示），利用【报表向导】设计一个报表"报表 1.frx"。

表 1-10-2　表"man.dbf"

编号	所属球队	姓名	号码	出生年月	体重/kg	身高/cm	位置
0101	01	萨沙	1	12/23/77	75	197	守
0102	01	舒畅	2	09/21/78	67	187	后
0103	01	邓程	3	04/21/77	68	167	中
0104	01	李小鹏	4	04/12/76	78	189	中
0105	01	宿茂臻	5	07/07/78	87	187	前
0106	01	卡西亚诺	6	07/06/67	87	167	前
0201	02	刘建生	1	07/21/78	67	198	守
0202	02	祈峰	2	09/09/80	78	189	后
0203	02	祁宏	3	12/23/77	68	178	中
0204	02	申思	4	08/06/77	77	177	中
0205	02	兰科维奇	5	07/06/69	78	188	前
0206	02	萨里奇	6	09/09/72	79	189	前
0301	03	高建斌	1	08/06/73	83	197	守
0302	03	鲁纳	2	09/11/75	78	186	后

1. 确定报表类型

在此实验中显示了 14 条记录，各个记录竖向排列，所以报表类型设计为列报表。

2. 启动报表设计器

选择【文件】|【新建】|【报表】|【新建文件】|【报表设计器】命令。

3. 设置数据环境

在利用【报表设计器】设计报表之前，首先设置数据环境，单击窗口中的【显示】菜单栏，在显示的子菜单中选择【数据环境】选项，激活【数据环境设计器】窗口。

在数据环境设置窗口中单击右键，在显示的快捷菜单中选择【添加】命令，激活【添加】窗口，打开【添加表或视图】对话框。

4. 报表设置与预览

在【报表设计器】页标头区域中，报表标题为"球队信息"；在细节区域中，"编号"、"所属球队"、" 姓名"、"号码"、"出生年月"、"体重"、"身高"、"位置"都是使用表中的字段，使用域控件。

对已经创建好的"报表 1.frx"报表进行预览。

第二部分　习题解析与练习

第1章　Visual FoxPro 系统概述

1.1　试题解析

一、选择题解析

1. Visual FoxPro 是基于（　　）数据模型的。

　　A. 层次　　　　　　　B. 网状　　　　C. 关系　　　　　　D. 树状

【答案】C

【解析】 根据不同的数据模型可以开发出不同的数据库管理系统，基于关系模型开发的数据库管理系统属于关系型系统。Visual FoxPro 就是以关系模型为基础的关系型数据库管理系统。

2. 关于数据库（DB）、数据库系统（DBS）和数据库管理系统（DBMS）之间的关系是（　　）。

　　A. DB 包括 DBS 和 DBMS　　　　　　B. DBS 包括 DB 和 DBMS
　　C. DBMS 包括 DB 和 DBS　　　　　　D. DB、DBS 和 DBMS 相互间没有关系

【答案】B

【解析】 数据库系统（DBS）由计算机硬件系统、数据库（DB）、数据库管理系统（DBMS）、相关软件及人员组成。

3. 下列方法中，不能退出 Visual FoxPro 的一项是（　　）。

　　A. 单击窗口标题栏右端的【关闭】按钮
　　B. 选择【文件】|【退出】菜单命令
　　C. 选择【文件】|【关闭】菜单命令
　　D. 按 Alt+F4 组合键

【答案】C

【解析】 退出 Visual FoxPro 的常用方法有 5 种：选择【文件】|【退出】菜单命令；单击【标题】栏最右端的【关闭】按钮；在【命令】窗口中输入 QUIT 命令，然后按 Enter 键。按 Alt+F4 组合键；单击【标题】栏最左端的"控制"图标，打开下拉菜单，然后选择【关闭】命令。因此选项 A、B、D 都正确。执行选项 C 中的命令，只能关闭当前打开的文件，不能退出 Visual FoxPro。

4. 使用命令退出 Visual FoxPro 的操作方法是（　　　）。

   A. 在【命令】窗口中输入 CLEAR 命令，然后按 Enter 键

   B. 在【命令】窗口中输入 QUIT 命令，然后按 Enter 键

   C. 在【命令】窗口中输入 QUIT 命令

   D. 在【命令】窗口中输入 DO，然后按 Enter 键

【答案】 B

【解析】 使用命令退出 Visual FoxPro 的正确操作是在【命令】窗口中输入 QUIT 命令，然后按 Enter 键，因此选项 B 正确；选项 A 中的 CLEAR 命令然后按 Enter 键，不是退出 Visual FoxPro 的命令，而是清除屏幕上的内容；选项 C 中如果不按 Enter 键命令不起作用；选项 D 中输入 DO 命令，将出现一个【提示】对话框，提示缺少必需的子句。

二、填空题解析

1. 数据库系统的核心是＿＿＿＿＿＿。

【答案】 数据库管理系统

【解析】 数据库系统由 4 部分组成：硬件系统、系统软件（包括操作系统和数据库管理系统）、数据库应用系统和各类人员（包括数据库管理员、系统分析员、数据库设计人员、应用程序员和最终用户）。系统软件中的操作系统对数据库提供后台支持，数据库管理系统控制和支持数据库的所有操作，是数据库系统的核心。

2. 用户在安装 Visual FoxPro 后，如果要添加或删除 Visual FoxPro 的某些组件，应当启动 Windows 的＿＿＿＿＿＿来完成。

【答案】 添加/删除程序

【解析】 在 Windows 中，添加或删除应用程序是通过【控件面板】中的【添加／删除程序】来完成。Visual FoxPro 是一个应用程序，因此要添加 Visual FoxPro 的组件就要通过 Windows 中的"添加/删除程序"功能来完成。

3. 数据库管理系统应具有数据定义功能、＿＿＿＿＿以及＿＿＿＿＿。

【答案】 数据操作功能、管理和控制功能

【解析】 数据库管理系统是位于用户与操作系统之间的完成数据管理的系统软件，其主要功能包括以下几个方面。

（1）数据定义功能

提供"数据定义语言"（DDL），用户通过它可以方便地对数据库中的相关内容进行定义。例如，对数据库、表及索引进行定义。

（2）数据操作功能

提供"数据操作语言"（DML），支持用户对数据库中的数据进行查询、更新（包括增、删、改）等操作。

（3）管理和控制功能

数据库中的数据是宝贵的共享资源，必须有一定的控制手段来保障数据不受破坏。因此，数据库管理系统必须具有控制和管理功能，其中包括在多用户使用数据库时对数

据进行的"并发控制"，对用户权限实施监督的"安全性检查"，数据的备份、恢复和转储功能，对数据库运行情况的监控和报告等。

4．不同实体是根据＿＿＿＿＿＿＿＿区分的。

【答案】　属性

【解析】　属性是实体所具有的性质，在信息世界中不同实体是由其属性的不同来区分的。

5．在数据管理技术的发展过程中，可实现数据完全共享的阶段是＿＿＿＿＿＿＿＿。

【答案】　数据库系统阶段

【解析】　数据管理技术的发展经历了 3 个阶段：人工管理阶段、文件系统阶段以及数据库系统阶段。人工管理阶段的数据面向应用，数据不仅高度冗余，而且不能共享；文件系统阶段按一定规则将数据组织成文件，应用程序和数据之间不再是直接的对应关系，但数据的存放依赖于应用程序的使用方法，不同的应用程序仍然很难共享同一数据文件，数据冗余度较大；数据库系统阶段的数据是考虑所有用户的数据需求而面向整个系统组织的，因此，数据库中包含了所有用户的数据成分，但每个用户通常只用到其中一部分数据，不同用户所使用的数据可以重叠，同一部分数据也可为多用户共享。

6．数据模型应具有数据描述和＿＿＿＿＿＿＿＿的功能。

【答案】　数据联系

【解析】　数据模型是客观事物及其联系的数据描述，所以数据模型应具有描述数据和数据联系的功能。

1.2　练习题库

一、选择题

1．关系数据库管理系统所管理的关系是（　　）。

　A．若干个.dbc 文件　　　　　　　B．若干个二维表

　C．一个.dbf 文件　　　　　　　　D．一个.dbc 文件

2．下列启动 Visual FoxPro 向导的方法中，正确的是（　　）。

　A．通过【新建】对话框　　　　　　B．选择【工具】|【向导】菜单命令

　C．单击工具栏上的【向导】按钮　　D．以上方法均正确

3．Visual FoxPro 关系数据库管理系统能够实现的 3 种基本关系运算是（　　）。

　A．显示、统计、复制　　　　　　　B．索引、排序、查找

　C．选择、投影、联接　　　　　　　D．建库、录入、排序

4．在下列 4 个选项中，不属于基本关系运算的是（　　）。

　A．选择　　　　　B．投影　　　　　C．连接　　　　　D．排序

5．Visual FoxPro 支持的数据模型是（　　）。

　A．树状数据模型　　　　　　　　　B．关系数据模型

C．网状数据模型　　　　　　　　D．层次数据模型

6．在数据库设计中用关系模型来表示实体和实体之间的联系。关系模型的结构是（　　）。

A．网状结构　　　　B．二维表结构　　　C．层次结构　　　　D．封装结构

7．设有关系 A1 和 A2，经过关系运算得到结果 B，则 B 是（　　）。

A．一个关系　　　　B．一个数组　　　　C．一个表单　　　　D．一个数据库

8．在下列选项中（　　）是数据库系统与文件系统最主要的区别。

A．数据库系统复杂，而文件系统简单

B．数据库系统可以解决数据冗余和数据独立性问题，而文件系统不能解决

C．数据库系统能够管理各种类型的文件，而文件系统只能管理程序文件

D．数据库系统可以管理庞大的数据量，而文件系统管理的数据量少

9．一个数据库系统必须能够表示实体和关系，关系可与（　　）实体有关。

A．1 个　　　　　　　　　　　　　B．1 个或 1 个以上

C．2 个或 2 个以上　　　　　　　　D．0 个

10．下列选项中（　　）是关系数据库管理系统所管理的关系。

A．一个.cdx 文件　　　　　　　　B．一个.dbc 文件

C．若干个.dbc 文件　　　　　　　D．若干个.dbf 文件

11．按所使用的数据模型来分，数据库可分为（　　）3 种模型。

A．层次、关系和网状　　　　　　B．大型、中型和小型

C．网状、环状和链状　　　　　　D．独享、共享和分时

12．下列关于关系叙述错误的是（　　）。

A．表中不允许出现相同的列　　　B．表中允许出现相同的行

C．表中列的次序可以任意颠倒　　D．表中行的次序可以任意颠倒

13．在关系模型中，（　　）一个候选码。

A．至多由一个属性组成

B．由多个任意属性组成

C．可以由一个或多个其值能唯一标识该关系模式中任何一个元组并且无多余性属性的属性组成

D．以上都不是

14．关系数据库中的关键字段是指（　　）。

A．能唯一标识元组并且无多余性属性的属性或属性集合

B．能唯一区别关系的字

C．很重要的字段

D．段不能改动的专用保留字

15．层次模型不能直接表示（　　）。

A．1:1 和 1:m 关系　　　　　　　B．1:m 关系

C．m:n 关系　　　　　　　　　　D．1:1 关系

16. 关系数据模型（　　）。

    A．只能表示实体间的 m:n 联系　　　B．只能表示实体间的 l:n 联系

    C．只能表示实体间的 1:1 联系　　　D．可以表示实体间的上述 3 种联系

17. 实体是信息世界中的术语，与之对应的数据库术语为（　　）。

    A．文件　　　　　B．数据库　　　　C．字段　　　　　D．记录

18. 层次型、网状型和关系型数据库划分原则是（　　）。

    A．文件的大小　　　　　　　　　　B．记录长度

    C．联系的复杂程度　　　　　　　　D．数据之间的联系

19. 下列选项中，错误的是（　　）。

    A．二维表中行的顺序、列的顺序均可以任意交换

    B．二维表中不允许出现完全相同的两行

    C．二维表中的每一列均有唯一的字段名

    D．二维表中行的顺序、列的顺序不可以任意交换

20. 下列关于数据库系统叙述正确的是（　　）。

    A．数据库的字段之间和记录之间都不存在联系

    B．数据库的字段之间无联系，记录之间存在联系

    C．数据库的字段之间和记录之间都存在联系

    D．数据库中只存在字段之间的联系

21. （　　）是关系数据库管理系统能够实现的 3 种基本关系运算。

    A．索引、排序、查找　　　　　　　B．选择、投影、连接

    C．建库、录入、排序　　　　　　　D．显示、统计、复制

22. 按照数据模型划分，Visual FoxPro 应当是（　　）数据库管理系统。

    A．网状型　　　　　　　　　　　　B．层次型

    C．关系型　　　　　　　　　　　　D．面向对象型

23. 在计算机内存储的有结构的数据集合是（　　）。

    A．数据集　　　　　　　　　　　　B．数据库系统

    C．数据库管理系统　　　　　　　　D．数据库

24. 在 Visual FoxPro 中，基本的关系运算有（　　）3 种。

    A．建表、维护和使用　　　　　　　B．索引、复制和删除

    C．投影、选择和连接　　　　　　　D．比较、选择和追加

25. 在关系代数的专门关系运算中，将两个关系中具有共同属性值的元组连接到一起构成新二维表的操作称为（　　）。

    A．删除　　　　　B．投影　　　　　C．连接　　　　　D．选择

26. 一个关系相当于一张二维表，关系的（　　）相当于二维表中的各栏目。

    A．元组　　　　　B．属性　　　　　C．结构　　　　　D．数据项

27. 在下列选项中（　　）不是两个实体间的联系。

    A．一对多联系　　　　　　　　　　B．多对多联系

C. 一对一联系　　　　　　　　D. 上下级联系

28. 在关系理论中,把二维表表头的栏目称为(　　　)。

　　A. 结构名　　　B. 元组　　　C. 数据项　　　D. 属性名

29. 可以用(　　　)表示学校和教师这两个实体之间的联系。

　　A. 多对多联系　　　　　　　　B. 一对多联系

　　C. 上下级联系　　　　　　　　D. 一对一联系

30. 在数据库技术中,面向对象的数据模型是一种(　　　)。

　　A. 概念模型　　B. 物理模型　　C. 结构模型　　D. 层次模型

31. 关于关系数据库正确的说法是(　　　)。

　　A. 数据库就是数据表格　　　　B. 数据库就是二维表和关系的结合

　　C. 数据库就是二维关系表　　　　D. 数据库就是关系

32. 关系模型可以表示的实体间的联系是(　　　)。

　　A. 一对一　　　B. 一对多　　　C. 多对多　　　D. 以上3项都是

33. 用户可以根据(　　　)划分数据库类型。

　　A. 文件形式　　　　　　　　　B. 数据存取方法

　　C. 记录形式　　　　　　　　　D. 数据模型

34. 关系模型中的选择操作是根据某些条件对关系做(　　　)。

　　A. 垂直选择　　B. 水平选择　　C. 索引　　　D. 分解

35. 一个好的模式设计应符合下列原则(　　　)。

　　A. 表达式　　　B. 分离性　　　C. 最小冗余性　　D. 以上3项均可

二、填空题

1. 用于实现数据库各种数据操作的软件称为_____。

2. 按照传统的数据模型分类,数据库系统可分为3种类型_____、_____、_____。

3. Visual FoxPro 是一个_____位的数据库管理系统。

第 2 章　Visual FoxPro 基础知识

2.1　试 题 解 析

一、选择题解析

1.【项目管理器】中的【全部】选项卡用于显示和管理（　　）。
　　A．Visual FoxPro 包含的各类文件，包括数据、文档、类库、代码、其他
　　B．数据库、自由表、查询
　　C．表单、报表、标签
　　D．菜单、文本文件、其他文件
【答案】　A
【解析】　【全部】选项卡中显示了 Visual FoxPro 中的各类文件，包括数据、文档、类库、代码、其他，因此选项 A 正确；选项 B 是【数据】选项卡中显示和管理的内容；选项 C 是【文档】选项卡中显示和管理的内容；选项 D 是【其他】选项卡中显示和管理的内容。

2.【项目管理器】中的【数据】选项卡用于显示和管理（　　）。
　　A．本地视图、远程视图、连接、存储过程
　　B．数据库、自由表、查询
　　C．数据库、自由表、视图
　　D．数据库、自由表、查询、视图
【答案】　B
【解析】　【数据】选项卡用来显示和管理数据库、自由表、查询，因此选项 B 正确；选项 A 中的本地视图、远程视图、连接、存储过程是在新建了数据库之后，在【数据】选项卡中的"数据库"中显示和管理的内容；选项 C、D 错误。

3.【项目管理器】中的【文档】选项卡用于显示和管理（　　）。
　　A．数据、文档、类库、代码、其他　　　　B．数据库、自由表、查询
　　C．表单、报表、标签　　　　　　　　　　D．程序、API 库、应用程序
【答案】　C
【解析】　选项 A 是【全部】选项卡显示和管理的内容，此选项错误；选项 B 是【数据】选项卡显示和管理的内容，此选项错误；选项 C 是【文档】选项卡显示和管理的内容，此选项正确；选项 D 是【代码】选项卡显示和管理的内容，此选项错误。

4．下列在【项目管理器】中移去数据库文件的操作方法正确的是（　　）。
　　A．选定文件，选择【项目】|【移去文件】菜单命令
　　B．选定文件，单击【项目管理器】上的【移去】按钮

C. 选定文件，按 Delete 键

D. 以上答案均正确

【答案】　D

【解析】　通过常情况下，移去数据库文件的方法有 3 种：选定文件，选择【项目】|【移去文件】命令，或单击【项目管理器】上的【移去】按钮，或按 Delete 键。因此以上选项答案均正确，但不完全，所以正确答案为 D。

5. 在【项目管理器】中为文件添加说明的操作步骤正确的是（　　　）。

A. 选定文件，选择【项目】|【编辑说明】菜单命令，在打开的对话框中输入说明信息，单击【确定】按钮

B. 选定文件，在文件上单击鼠标右键，选择快捷菜单上的【编辑说明】命令，在打开的对话框中输入说明信息，单击【确定】按钮

C. 双击文件打开【说明】对话框，输入说明信息

D. A，B 均可以

【答案】　D

【解析】　为项目文件添加说明的途径有两种：一是选定文件，在文件上单击鼠标右键，选择【编辑说明】命令，在出现的【说明】对话框中输入说明信息；二是选定文件，选择【项目】|【编辑说明】菜单命令，在出现的【说明】对话框中输入说明信息。因此选项 A、B 都正确，选项 C 双击文件后，将打开相应的设计器，因此正确答案为 D。

6. 扩展名为.prg 的程序文件在【项目管理器】的（　　　）选项卡中。

A. 文档　　　　　B. 代码　　　　　C. 数据　　　　　D. 其他

【答案】　B

【解析】　【文档】选项卡中显示和管理表单、报表、标签，选项 A 错误；【代码】选项卡中显示和管理扩展名为.prg 的程序文件、函数库 API Libraries、应用程序.app 文件，选项 B 正确；【数据】选项卡中显示和管理数据库、自由表、查询，选项 C 错误；【其他】选项卡中显示和管理菜单、文本文件、其他文件，选项 D 错误。

7. 在【项目管理器】中移去文件指的是（　　　）。

A. 将文件从项目文件中移去　　　　B. 将文件从磁盘上彻底删除

C. 移去文件后再也不能恢复　　　　D. 移去文件与删除文件相同

【答案】　A

【解析】　在 Visual FoxPro 中，移去文件是指将文件从项目文件中移去，并不是彻底删除文件。移去的文件仍存在于硬盘中。选项 A 的说法正确，移去文件就是指将文件从项目文件中移去。选项 B 的说法错误在于移去文件并不是将文件彻底从磁盘上删除；选项 C 中的错误在于移去不是彻底从磁盘上删除，所以可以再恢复；选项 D 的说法错误在于移去文件与删除文件不相同，移去的文件仍存在于磁盘上，删除的文件已从磁盘上消失。

8. 通过【项目管理器】窗口的按钮不可以完成的操作是（　　　）。

A. 删除文件　　　B. 新建文件　　　C. 添加文件　　　D. 为文件重命名

【答案】 D

【解析】 【项目管理器】窗口上有 6 个按钮：新建（用来新建文件）、添加（用来添加文件）、修改（用来修改按钮）、预览（用来预览文件）、移去（用来移去或删除文件）、连编（连编一个项目或应用程序）。本题 4 个选项中的 A、B、C 都可以通过【项目管理器】中的按钮完成。选项 D 中的为文件重命名，不可以通过【项目管理器】上的按钮来完成，只可以通过在文件上单击鼠标右键，选择快捷菜单中的【重命名】命令来完成。因此正确答案为 D。

二、填空题解析

1.【项目管理器】窗口中共有 6 个选项卡，分别为＿＿＿＿、＿＿＿＿、＿＿＿＿、＿＿＿＿、＿＿＿＿和＿＿＿＿。

【答案】 全部；数据；文档；类；代码；其他

【解析】 在 Visual FoxPro 中，【项目管理器】窗口是 Visual FoxPro 开发人员的工作平台，共有 6 个选项卡，依次为"全部"、"数据"、"文档"、"类"、"代码"和"其他"。

2．在【项目管理器】中移去文件是指＿＿＿＿＿＿＿＿。

【答案】 将文件从项目文件中移去

【解析】 在【项目管理器】中移去文件是指将选定的文件从项目文件中移去，实际上它仍保存在磁盘上。

3．项目文件的扩展名为＿＿＿＿＿＿＿＿。

【答案】 .pjx

【解析】 做对该类型题目的关键是熟练掌握 Visual FoxPro 中的文件类型。在 Visual FoxPro 中，项目文件的扩展名为.pjx。

2.2 练 习 题 库

一、选择题

1．打开 Visual FoxPro【项目管理器】的【文档】选项卡，其中包括（   ）。

    A．标签文件   B．报表文件

    C．表单文件   D．以上 3 种文件

2．函数库 API Libraries 在【项目管理器】的（   ）选项卡下。

    A．文档   B．数据   C．代码   D．其他

3．在【项目管理器】中，如果某个文件前面出现加号标志，表示（   ）。

    A．该文件中只有一个数据项   B．该文件中有一个或多个数据项

    C．该文件中有多个数据项   D．该文件不可用

4．扩展名为.prg 的程序文件在【项目管理器】的（   ）选项卡中显示和管理。

    A．文档   B．数据   C．代码   D．其他

5. 在【项目管理器】窗口中可以完成的操作是（　　）。
　　A．修改文件属性　　　　　　　B．新建表单
　　C．删除文件　　　　　　　　　D．以上方法均正确

二、填空题

1．项目是指_____。

2．打开 Visual FoxPro【项目管理器】的【文档】选项卡，其中包含_____、_____、_____。

3．【项目管理器】中的【移去】按钮有两个功能：一是_____；二是_____。

4．打开 Visual FoxPro【项目管理器】的【数据】选项卡，其中包含_____、_____和_____。

5．【项目管理器】是_____。

6．【项目管理器】对话框上共有_____个选项卡，依次为_____、_____、_____、_____、_____、_____，其中_____选项卡中包括数据库、自由表和查询 3 项。

第3章 Visual FoxPro 语言基础

3.1 试题解析

一、选择题解析

1. 下列关于数据的操作说法中，正确的是（   ）。
   A. 货币型数据不能参加算术运算
   B. 两个日期型数据可以进行加法运算
   C. 一个日期型数据可以加或减一个整数
   D. 字符型数据能比较大小，日期型则不能

【答案】 C

【解析】 在 Visual FoxPro 中，货币型数据可以参加算术运算，运算符和运算规则与数值型数据相同。字符型数据能比较大小，日期型数据也能比较大小，日期靠后的大于日期靠前的。两个日期型数据可以相减，结果是两个日期之间相隔的天数；一个日期型数据加或减一个整数，结果是若干天以后或若干天以前的日期。但两个日期型数据不可以进行加法运算。

2. 下列选项中，（   ）可以作为 Visual FoxPro 中的常量。
   A. F   B. BOF   C. BOF( )   D. .F.

【答案】 D

【解析】 F 和 BOF 表示变量名；BOF( )为函数；.F.为逻辑型常量，表示逻辑假。

3. 下列选项中，（   ）不能作为 Visual FoxPro 中的变量名。
   A. AGBFE   B. S678   C. 56XAB   D. abc

【答案】 C

【解析】 在 Visual FoxPro 中，变量命名时要遵守如下规则：由字母、数字和下划线组成；以字母或下划线开头；长度不超过 255 个字符。56XAB 是以数字开头的，不能作为变量名。

4. 给内存变量 M 赋逻辑真的正确方法是（   ）。
   A. M ="T"   B. STORE "T" TO M
   C. M = TRUE   D. STORE .T. TO M

【答案】 D

【解析】 "T"是字符型常量，TRUE 应为变量名。而逻辑型常量中，.T.、.t.、.Y.和.y.都表示逻辑真，.F.、.f.、.N.和.n.都表示逻辑假，它们都可以作为常量赋给内存变量 M。

5. 下列有关数组元素的引用，（   ）是正确的。
   A. B(0，3)   B. B(3，0)

C．B(l，2，3)   D．B(2，5)

【答案】　D

【解析】　在 Visual FoxPro 中，数组的下限规定为 1，即下标最小值为 1，同时只能定义一维或二维数组，因此 B(0，3)、B(3，0)和 B(1，2，3)都是错误的。

6．在【命令】窗口中输入（　　）命令，回车(✓)后主屏幕上将显示"学习贵在坚持！"。

A．？学习贵在坚持！✓   B．?{ 学习贵在坚持！}✓

C．?" 学习贵在坚持！"✓   D．学习贵在坚持！✓

【答案】　C

【解析】　在【命令】窗口中输入命令后，直接按 Enter 键即可执行该命令。字符串的表示方法是用半角单引号、双引号、方括号 3 种定界符将字符串括起来。定界符虽然不作为常量本身的内容，但它规定了常量的类型及常量的起始和终止界限。本题选项 A 中的字符串没有定界符，输入命令后，按 Enter 键，系统将出现一个对话框，提示用户命令中含有不能识别的短语或关键字，所以选项 A 错误；选项 B 中常量的定界符是大括号，大括号是日期型常量的定界符，因此系统会按日期型常量处理，但选项中的日期型常量书写格式错误，输入命令后按 Enter 键，系统将出现一个对话框，提示用户"日期 / 日期时间中包含了非法字符"，所以选项 B 错误；选项 C 是一个字符型常量，定界符是双引号，符合字符串书写格式的规则，输入命令后按 Enter 键，主屏幕上显示"学习贵在坚持！"，所以选项 C 正确；选项 D 中只是变量，输入后按 Enter 键，系统将打开一个对话框，提示该命令是不能识别的命令。

7．日期型常量的定界符是（　　）。

A．单引号   B．花括号   C．方括号   D．双引号

【答案】　B

【解析】　Visual FoxPro 规定，日期型常量的定界符是一对花括号。本题选项 A、C、D 都是字符型常量的定界符，因此正确答案为 B。

8．下面对字符型常量的表示错误的是（　　）。

A．[You are student]   B．'You are student'

C．"You are student"   D．"You are student]

【答案】　D

【解析】　在 Visual FoxPro 中，字符型常量的定界符为单引号、双引号或方括号，在使用定界符时必须成对匹配。

9．下面货币型常量的书写格式，正确的一项是（　　）。

A．$888.8888   B．2324.564$ C．$231.89765   D．$324.34E4

【答案】　A

【解析】　在 Visual FoxPro 中，货币型常量的书写格式要求如下：前面需加一个前置符（$）、小数点后面保留 4 位小数、不可以使用科学计数法。本题中的选项 B 错误在于 $ 符号写在了后面；选项 C 错误在于小数点后面没保留 4 位小数；选项 D 错误在于使用

了科学计数法。因此正确答案为 A。

10. 在【命令】窗口中输入下列命令：

```
SET MARK TO [-]
?(^2005-06-14)
```

主屏幕上显示的结果是（　　）。

　　A．06/14/05　　　B．06-14-05　　　C．2005-06-14　　　D．2005/06/14

【答案】 B

【解析】 SET MARK TO 命令的功能是指定日期分隔符。如果执行 SET MARK TO 命令没有指定任何分隔符，表示恢复系统默认的斜杠分隔符。本题指定了连接号作为分隔符，因此显示的结果中日期的分隔符应该为"-"，选项 A 和 D 被排除；选项 C 实际上是字符型常量"?[2005 / 06 / 14]"的执行结果，该选项主要用来迷惑用户；选项 B 符合命令指定的要求。因此正确答案为 B。

11. Visual FoxPro 中可以比较大小的数据类型包括（　　）。

　　A．数值型　　　　　　　　　　　B．数值型、字符型和日期型
　　C．数值型和字符型　　　　　　　D．数值型、字符型、日期型和逻辑型

【答案】 D

【解析】 Visual FoxPro 中数值型、字符型、日期型和逻辑型数据都可以比较大小。不同类型数据比较的方法如下：数值型或货币型数据，按数值大小进行比较；日期或日期时间型数据，按日期或时间的先后，在先的作为较小的值；逻辑型数据中，.T.大于.F.；字符型数据，按 ASCII 值进行比较。

12. 在 Visual FoxPro 中，备注型数据类型在表中占用（　　）个字节。

　　A．1　　　　　B．2　　　　　C．4　　　　　D．8

【答案】 C

【解析】 系统规定，备注型数据类型在表中占用 4 个字节，所保存的数据信息存储在以.dbt 为扩展名的文件中。

13. 下列符号中，不能作为日期型常量的分隔符的是（　　）。

　　A．斜杠（/）　　B．连字号（-）　　C．句点（.）　　D．脱字符（^）

【答案】 D

【解析】 在日期型常量中，系统默认的分隔符为斜杠，常用的其他分隔符还有连字号、句点和空格。本题 4 个选项中的 A、B、C 都可作为分隔符，只有选项 D 中的脱字符虽然是严格的日期格式中不可缺少的一部分，但它不可以作为分隔符。因此正确答案为 D。

14. 下列常量中，只占用内存空间 1 个字节的是（　　）。

　　A．数值型常量　　　　　　　　　B．字符型常量
　　C．逻辑型常量　　　　　　　　　D．日期型常量

【答案】 C

【解析】 在 Visual FoxPro 中，数值型常量在内存中占用 8 个字节；字符型常量占用

8 个字节；日期型常量占用 8 个字节；货币型常量占用 8 个字节；日期时间型常量占用 8 个字节；逻辑型常量占用 1 个字节。本题中选项 A、B、D 都占用 8 个字节，只有选项 C 占用 1 个字节。因此正确答案为 C。

15．关系表达式中关系运算符的作用是（　　　）。

　　A．比较两个表达式的大小　　　　B．计算两个表达式的结果

　　C．比较运算符的优先级　　　　　D．计算两个表达式的总和

【答案】　A

【解析】　在 Visual FoxPro 中，关系运算符有大于（>）、小于（<）、等于（=）、不等于（<>、!=）、小于等于（<=）、大于等于（>=）、字符串精确比较（==）和子串包含测试（$），其作用是比较两个表达式的大小和结果，其运算结果是逻辑型数据。选项 B、C、D 的说法都错误，因此正确答案为 A。

16．用 Visual FoxPro 表达式表示"x 是小于 200 的非负数"，下列正确的是（　　　）。

　　A．0≤x<200　　　B．0<=x<200　　　C．0<=AND x<200　　　D．0<=OR x<200

【答案】　C

【解析】　选项 A、B 是错误的 Visual FoxPro 表达式，同时根据题意应用逻辑性与 AND 来表示。所以选项 C 是正确的。

17．Visual FoxPro 不支持的数据类型有（　　　）。

　　A．字符型　　　　B．货币型　　　　C．备注型　　　　　D．常量型

【答案】　D

【解析】　Visual FoxPro 支持的数据类型有字符型、货币型、浮点型、数值型、日期型、日期时间型、双精度型、整型、逻辑型、备注型、通用型、字符型（二进制）和备注型（二进制）。选项 A、B、C 都正确，选项 D 中的常量型不属于 Visual FoxPro 中的数据类型。

18．在 Visual FoxPro 中，逻辑运算符有（　　　）。

　　A．.NOT.（逻辑非）　　　　　　　B．.AND.（逻辑与）

　　C．.OR.（逻辑或）　　　　　　　 D．以上答案均正确

【答案】　D

【解析】　在 Visual FoxPro 中，逻辑运算符有 3 种：.NOT.（逻辑非）、.AND.（逻辑与）和.OR.（逻辑或）。

19．关系型表达式的运算结果是（　　　）。

　　A．数值型数据　　　　　　　　　B．逻辑型数据

　　C．字符型数据　　　　　　　　　D．日期型数据

【答案】　B

【解析】在 Visual FoxPro 中，关系型表达式的作用是比较两个表达式的大小或前后，其结果只有两种情况：逻辑真或逻辑假。关系型表达式的运算结果不可能是数值型数据、字符型数据、日期型数据，而只能是逻辑型数据。因此正确答案为 B。

20．下列变量名中，（　　　）是 Visual FoxPro 中的合法变量名。

　　A．DORer　　　　　　　B．8M.N　　　　　C．02　R　　　　D．AB.W

【答案】　A

【解析】　根据 Visual FoxPro 的命名规则，变量名必须以字母、汉字、下划线开头，变量名中不可以包含小数点。本题选项 A 符合要求；选项 B 中包括小数点；选项 C 中含有空格，不可以作为变量名；选项 D 中含有小数点。因此正确答案为 A。

21．在下列函数中，（　　　）的函数值为数值。

　　A．AT("北京"，"北京天安门")　　　　　B．CTOD("05 / 23 / 05 ")

　　C．EOF( )　　　　　　　　　　　　　　D．SUBSTR(DTOC(DATE( )), 3, 2)

【答案】　A

【解析】　函数 CTOD( )是将字符型数据转换为日期型数据，其结果为日期型。EOR( )是测试记录指针是否在文件尾的函数，其结果为逻辑值。函数 SUBSTR( )是取子串函数，其结果是字符型。AT( )是返回第 1 个字符串在第 2 个字符串中的位置，结果为数值型。

22．执行命令 STORE　CTOD("03 / 08 / 96 ")TO M 后，变量 M 的类型是（　　　　）。

　　A．数值型　　　　　B．日期型　　　　C．字符型　　　　　D．逻辑型

【答案】　B

【解析】　"STORE 表达式 TO 内存变量"命令的作用是将表达式的值赋给内存变量，内存变量的类型取决于表达式值的类型，CTOD 函数的作用是将字符型数据转换为日期数据。"03 / 08 / 96" 是字符型数据，经函数 CTOD()转换成日期型，赋值给内存变量 M 后，变量 M 的类型为日期型。

23．函数 TYPE([34]+[56])的值为（　　　　）。

　　A．1234　　　　　　B．C　　　　　　　C．N　　　　　　D．出错信息

【答案】　C

【解析】　TYPE 函数的作用是对定界符内的表达式进行类型测试。表达式[34]+[56]是两个字符串相加，结果为 [3456]，TYPE 函数对定界符内的表达式 3456 进行测试，类型是 N。

24．函数 LEN(ALLTRIM("ABC 当代大学生"))的结果是（　　　　）。

　　A．4　　　　　　　B．5　　　　　　C．14　　　　　D．10

【答案】　C

【解析】　函数 ALLTRIM( )的作用是删除字符串的前导空格和尾部空格，字符串中间的空格不删除，这样函数 LEN(ALLTRIM("ABC 当代大学生"))相当于 LEN("ABC 当代大学生")。LEN 函数的作用是求字符串中字符的个数即字符串的长度，由于一个汉字代表两个字符，加上"ABC"和"当代大学生"之间的一个空格，长度为 14。

25．函数 ROUND(4582.523,−2)的结果是（　　　　）。

　　A．4600　　　　　　B．4582.52　　　　C．4582　　　　D．4500

【答案】　A

【解析】　ROUND 函数在保留指定的小数位数时要做四舍五入运算，函数 ROUND(4582.523, −2)表示在小数点左边第 2 位进行四舍五入，其结果为 4600。

26．函数 INT（数值表达式）的功能是（　　）。

　　A．返回指定数值表达式的整数部分

　　B．返回指定数值表达式的符号

　　C．返回指定数值表达式的绝对值

　　D．返回指定表达式在指定位置四舍五入后的结果

【答案】A

【解析】在 Visual FoxPro 中，INT 函数的功能是返回指定数值表达式的整数部分。返回选项 B 结果的函数是 SIGN( )；返回选项 C 结果的函数是 ABS( )；返回选项 D 结果的函数是 ROUND( )。

27．函数?ROUND(236.41828,4)的计算结果是（　　）。

　　A．236　　　　B．236.418　　　　C．236.4183　　　　D．236.4182

【答案】C

【解析】在 Visual FoxPro 中，ROUND 函数的格式是 ROUND(<数值表达式 1>，<数值表达式 2>)，功能是返回指定表达式在指定位置四舍五入的结果。<数值表达式 2>指明四舍五入的位置。如果<数值表达式>大于等于 0，那么表示要保留小数位数；如果<数值表达式 2>小于 0，那么它表示的是整数部分的舍入位数。本题中，<数值表达式 2>为 4，大于 0，因此要保留小数点后面的 4 位小数，多余的小数部分四舍五入处理。本题 4 个选项中，选项 A 没保留小数，因此错误；选项 B 只保留了 3 位小数，因此错误；选项 C 中保留了 4 位小数，多余的小数四舍五入处理了，此选项正确；选项 D 的错误在于没有四舍五入。

28．在 Visual FoxPro 中，求余运算和（　　）函数作用相同。

　　A．MOD　　　　B．ROUND　　　　C．PI　　　　D．SQRT

【答案】A

【解析】求余运算与 MOD 函数作用相同。本题的 4 个选项中，选项 A 中的 MOD( )是求余函数，选项 B 中的 ROUND( )是四舍五入函数，选项 C 中的 PI( )是圆周率函数，选项 D 中的 SQRT( )是求平方根函数，因此正确答案为 A。

二、填空题解析

1．在关系运算符中，运算符＿＿＿＿＿＿和＿＿＿＿＿＿仅适用于字符型数据。

【答案】==；$

【解析】Visual FoxPro 规定，运算符"=="和"$"仅适用于字符型数据。

2．在 Visual FoxPro 中，数据运算和处理的基本对象是常量和变量。常量的类型有＿＿＿＿＿种，变量有＿＿＿＿＿种。

【答案】6；2

【解析】常量和变量是数据运算和处理的基本对象，共定义了数值型常量、货币型常量、字符型常量、日期型常量、日期时间型常量和逻辑型常量等 6 种常量。在 Visual FoxPro 中可以使用的变量有两种，即字段变量和内存变量。

3．清除所有除了以 B 字母开头且变量名中仅有 4 个字符的内存变量，应该使用_____命令。

【答案】　RELEASE ALL EXCEPT A???

【解析】　清除内存变量的命令是 RELEASE；清除所有变量使用短语 ALL；清除与通配符不匹配的内存变量使用短语 EXCEPT；可以使用的通配符有"*"和"?"："*"表示从"*"出现的位置开始匹配若干个有效字符，"?"表示从"?"出现的位置开始匹配 1 个有效字符。因此，释放所有除了以 B 字母开头且变量名中仅有 4 个字符的内存变量，只能使用通配符"?"，用 A??表示以"B"字母开头的只有 4 个字符的内存变量。

4．Visual FoxPro 中有 5 种表达式，即算术表达式、字符串表达式、_____、逻辑表达式和_____。

【答案】　关系表达式；日期表达式

【解析】　在 Visual FoxPro 中，根据表达式的运算符确定表达式的类型，共有算术表达式、字符串表达式、关系表达式、逻辑表达式和日期表达式 5 种。

5．常量是_____。它包括_____种类型，分别为_____、_____、_____、_____、_____、_____常量。

【答案】　用来表示一个具体的、不变的值；6；数值型；字符型；货币型；日期型；日期时间型；逻辑型

【解析】　在 Visual FoxPro 中，常量用来表示一个具体的、不变的值。Visual FoxPro 中的常量有 6 种类型，分别是：数值型常量、字符型常量、货币型常量、日期型常量、日期时间型常量、逻辑型常量。

6．在 Visual FoxPro 中，变量的赋值命令有_____种格式，分别为_____、_____。它们的区别为_____。

【答案】　两；<内存变量名>=<表达式>；STORE<表达式>TO<内存变量名表>；STROE 命令可以将同一表达式的值赋给多个内存变量，而"="命令只能将表达式的值赋给一个内存变量

【解析】　在 Visual FoxPro 中，变量的赋值命令有两种格式，分别为：<内存变量名>=<表达式>、STORE<表达式>TO<内存变量名表>。两种格式之间的区别是：STROE 命令可以将同一表达式的值赋给多个内存变量，而"="命令只能将表达式的值赋给一个内存变量。

7．逻辑型数据有_____和_____两个值。

【答案】　逻辑真；逻辑假

【解析】　在 Visual FoxPro 中，逻辑型数据只有逻辑真和逻辑假两个值。

8．系统变量是 Visual FoxPro 提供的系统内存变量，系统变量名以_____开头。

【答案】　下划线

【解析】　系统变量是 Visual FoxPro 提供的系统内存变量，这些变量的名称是系统已经定义好的，都是以下划线"_"开头。

9. 数值表达式由_____构成,其运算结果是_____型数据。

【答案】 数值型数据;算术运算符数值

【解析】 在 Visual FoxPro 中,数值表达式由算术运算符将数值型数据连接起来构成。其运算结果仍然是数值型数据。本题是概念性知识,需要记忆。

10. 在 Visual FoxPro 中,内存变量的数据类型有_____、_____、_____、_____、_____和_____。

【答案】 数值型(N);字符型(C);货币型(Y);逻辑型(L);日期型(D);日期时间型(T)

【解析】 在 Visual FoxPro 中,内存变量的数据类型包括数值型(N)、字符型(C)、货币型(Y)、逻辑型(L)、日期型(D)、日期时间型(T)。

11. 关系表达式也称为_____,它由_____运算符将两个运算对象连接起来形成。

【答案】 简单逻辑表达式;关系

【解析】 关系表达式也称为简单逻辑表达式,它由关系运算符将两个运算对象连接起来形成。

12. 在 Visual FoxPro 中的数据类型中,浮点型的数据长度在表中最长可达_____位。

【答案】 20

【解析】 本题考查的知识点是数据类型中的浮点型。在 Visual FoxPro 中浮点型的数据长度在表中最长可达 20 位。

13. 在 Visual FoxPro 中,表达式是由_____、_____和_____通过特定的运算符连接起来的式子。

【答案】 常量;变量;函数

【解析】 本题考查的知识点是表达式的概念。在 Visual FoxPro 中,表达式是由常量、变量和函数通过特定的运算符连接起来的式子。

14. 逻辑表达式是由_____将_____数据连接起来形成的,其运算结果是_____型数据。

【答案】 逻辑运算符;逻辑型;逻辑

【解析】 本题考查的知识点是逻辑表达式的概念。在 Visual FoxPro 中,逻辑表达式由逻辑运算符将逻辑型数据连接起来而形成,其运算结果仍然是逻辑型数据。

15. 根据表达式值的类型,表达式可分为_____、_____、_____和_____;大多数_____表达式是带比较运算符的关系表达式。

【答案】 数值表达式;字符表达式;日期时间表达式;逻辑表达式;逻辑

【解析】 根据表达式值的类型,表达式可分为数值表达式、字符表达式、日期时间表达式和逻辑表达式。大多数逻辑表达式是带比较运算符的关系表达式。

16. 逻辑运算符的优先级顺序依次为_____、_____和_____。

【答案】 NOT;AND;OR

【解析】 本题考查的知识点是逻辑运算符的优先级。在 Visual FoxPro 中，逻辑运算符的优先级顺序依次为 NOT、AND、OR。

17．函数名后要紧跟_____，_____中是_____（即自变量），我们称没有_____的函数称为无参数函数。

【答案】 括号；括号；参数；参数

【解析】 在 Visual FoxPro 中，函数名后要紧跟括号，括号中是参数（即自变量），没有"参数"的函数称为无参数函数。

18．?MAX('76','83','-223','35','90')函数的值是_____。

【答案】 90

【解析】 本题考查的知识点是 MAX 函数的应用。在 Visual FoxPro 中，MAX 函数的作用是计算各自变量表达式的值，并返回其中的最大值。题目中的 5 个数 76、83、-223、35、90 中，可以一目了然地看出 90 最大，因此答案为 90。

19．函数是_____。函数用_____来表示。

【答案】 用程序来实现的一种数据运算或转换；函数名加一对圆括号

【解析】 在 Visual FoxPro 中，函数是用程序来实现的一种数据运算或转换。函数用函数名加一对圆括号表示。

20．表达式 STR(YEAR(DATE( )+ 21))的数据类型为_____。

【答案】 字符型

【解析】 函数 YEAR(DATE( ))的结果为数值型，YEAR(DATE( )+21)的结果还是数值型，函数 STR( ) 的作用是将数值型数据转换成字符型数据，因此表达式 STR(YEAR(DATE( )+ 21))的数据类型为字符型。

21．?LOWER("I AM STUDENT")的值是_____。

【答案】 i am student

【解析】 在 Visual FoxPro 中，LOWER 函数的功能是将指定表达式值中的大写字母转换成小写字母，其他字符不变。按照 LOWER 函数功能的"大写字母转换成小写字母，其他字符不变"规则，可以断定 I AM STUDENT 转换后应为 i am student。

22．?MOD(20,-3)函数的结果是_____。

【答案】 -1

【解析】在 Visual FoxPro 中，MOD 函数返回两个数值相除后的余数，格式是：MOD(<数值表达式 1>，<数值表达式 2>)。功能是：返回两个数值相除后的余数，<数值表达式 1>是被除数，<数值表达式 2>是除数，余数的正负号与除数相同，如果除数与被除数异号，则函数值为两数相除的余数再加上除数的值。本题中，20 除以-3 等于-6 余 2，因此余数为-2，因为被除数与除数异号，因此要用余数加上除数的值，即 2+(-3)，等于-1。所以结果为-1。

23．?LIKE("come","come on")的结果是_____。

【答案】 .F.

【解析】 LIKE 函数的格式是：LIKE(<字符表达式 1>，<字符表达式 2>)，功能是比较两个字符串对应位置上的字符，若所有对应字符都匹配，函数返回逻辑真(.T.)，反之则返回逻辑假(.F.)。本题中的两个字符表达式中，只有"come"匹配，所以返回的值应是逻辑假，即.F.。

24．?LEFT("I am student",4)的结果是_____。

【答案】 I am

【解析】 LEFT 函数的格式是：LEFF(<字符表达式>，<长度>)。功能是：从指定表达式值的左端取一定长度的子串作为函数值。本题目中<字符表达式>为 I am student，长度为 4，因此从左端起取前 4 位应该为 I am（包括一个空格）。

25．TIME 函数值为_____型数值。

【答案】 字符

【解析】 TIME( )以 24 小时制、hh:mm:ss 格式返回当前系统时间，函数值为字符型数值。

26．函数 ROUND(243.4795,2)和 ROUND(7866.235，-2)的值分别是_____和_____。

【答案】 243.48；7900

【解析】 四舍五入函数 ROUND( )有两个参数，作用是对第 1 个参数进行四舍五入，保留小数位数由第 2 个参数指定。因此函数 ROUND(243.4795,2)是保留 2 位小数，函数值是 243.48；而另一个函数 ROUND(7866.235，-2)的第 2 个参数为-2，表示在小数点左边第 2 位进行四舍五入，因此函数值为 7900。

27．函数 DATE( )、TIME( )、YEAR( )和 DATETIME( )中，_____的函数值为字符型。

【答案】 TIME( )

【解析】 函数 DATE( )求系统的日期，函数值类型为 D(日期型)；函数 TIME( )求系统的时间，函数值类型为 C(字符型)；函数 YEAR(日期表达式)求日期表达式给出的日期的年份，函数值类型为 N(数值型)；DATETIME( )求系统的日期和时间，函数值类型为 T(时间型)。

3.2 练 习 题 库

一、选择题

1．在 Visual FoxPro 中，有下面几个内存变量的赋值语句：

```
M={^2005-07-01}
N=.F.
X="5.2454372"
Y=13.212
Z=$23456
```

执行上述赋值语句后，内存变量 M、N、X、Y、X 的数据类型分别为（　　　）。

A．T、M、N、C、Y　　　　　　B．T、L、N、C、Y

C．D、L、Y、C、Y　　　　　　D．D、L、N、C、Y

2．在下面的 Visual FoxPro 表达式中，错误的是（　　）。

A．{^2005-06-01}+[1000]

B．{^2005-06-01}-DATE( )

C．{^2005-06-01}+DATE( )

D．{^2005-06-01 10:10:10 AM}-10

3．下面关于 Visual FoxPro 数组的叙述中，错误的是（　　）。

A．新定义数组的各个数组元素初值.F.

B．Visual FoxPro 只支持一维数组和二维数组

C．一个数组中各个数组元素必须是同一种数据类型

D．用 DIMENSION 和 DECLARE 都可以定义数组

4．将内存变量定义为全局变量的 Visual FoxPro 命令是（　　）。

A．GLOBAL　　　B．PRIVATE　　　C．PUBLIC　　　D．LOCAL

5．下面的 Visual FoxPro 表达式中，错误的是（　　）。

A．{^2005-08-25}+DATE( )　　　B．{"2005-08-25 16:30 PM}-2

C．{^2005-08-25}+[200]　　　　D．{^2005-08-25}-DATE( )

6．6E+12 是一个（　　）。

A．非法表达式　　　　　　　B．字符常量

C．数值常量　　　　　　　　D．内存变量

7．下面关于 Visual FoxPro 数组的叙述中，错误的是（　　）。

A．一个数组中各个数组元素必须是同一种数据类型

B．Visual FoxPro 只支持一维数组和二维数组

C．新定义的数组的各个数组元素初值为.F.

D．用 DIMENSION 命令可以定义数组

8．下列关于 Visual FoxPro 数组的说法中，错误的是（　　）。

A．数组的赋值只能通过 STORE 命令实现

B．数组是一组具有相同名称不同下标的内存变量

C．数组在定义之后，能进行重新定义

D．在定义数组时，数组的大小可包含在一对中括号中，也可以包含在一对小括号中

9．执行命令"DIMENSION M(50)"后，M（1）的值是（　　）。

A．.F.　　　B．0　　　　　C．.T.　　　　D．空值

10．在【命令】窗口中输入下列两条命令，并按 Enter 键：

```
SET MARK TO ";"
?{^2005-6-27},{06-27-03}
```

主屏幕上显示的结果是（　　）。

A．06/27/05　06/27/03　　　　　　　B．06.27.05　06.27.03

C．06;27;05　06;27;03　　　　　　　D．06.27.05　06.27.03

11．在【命令】窗口中输入下列命令：

```
STORE 6*5 TO X
?X
```

主屏幕上显示的结果是（　　　）。

A．6　　　　　　B．5　　　　　　C．X　　　　　　D．30

12．下列各表达式中，结果总是逻辑值的是（　　　）。

A．日期运算表达式　　　　　　　　B．字符运算表达式

C．算术运算表达式　　　　　　　　D．关系运算表达式

13．下列说法中错误的是（　　　）。

A．二维数组中的元素是按行存放的

B．二维数组中的元素可以是按一维数组方式使用

C．组成内存变量名的字符数不得超过 8 个

D．修改内存变量限制数目的命令应放在"CONFIG.FX"文件中

14．内存变量一旦定义后，它的（　　　）可以改变。

A．类型和值　　　　B．值　　　　　C．类型　　　　D．宽度

15．命令?[张明]<=[李明]，"数据库技术" $"数据库"的执行结果应为（　　　）。

A．.T. .T.　　　　B．.F. .F.　　　　C．.T. .F.　　　　D．.F. .T.

16．执行下面的语句后，数组 A 与 B 的元素个数分别为（　　　）。

```
DIMENSION A(6)，B(4,5)
```

A．6 和 20　　　　B．6 和 9　　　　C．7 和 21　　　　D．6 和 5

17．下列对字符型常量 Hello，Visual FoxPro!的表示方法中，错误的是（　　　）。

A．[Hello，Visual FoxPro!]　　　　B．'Hello，Visual FoxPro! '

C．"Hello，Visual FoxPro!"　　　　D．{Hello，Visual FoxPro!}

18．要显示系统中所使用的内存变量，可以在【命令】窗口中输入命令（　　　）。

A．DISPLAY FIELD　　　　　　　　B．DISPLAY OFF

C．DISPLAY MEMORY　　　　　　　D．DISPLAY

19．设 N="50"，执行命令?&N+40 后，其结果是（　　　）。

A．5040　　　　　B．90　　　　　　C．40　　　　　　D．出错信息

20．使用 DECLARE 命令定义数组后，各数组元素在没有赋值之前的数据类型是（　　　）。

A．无类型　　　　B．字符型　　　　C．数值型　　　　D．逻辑型

21．对变量赋值，以下命令中正确的是（　　　）。

A．STORE 12 TO M，N　　　　　　　B．STORE 11，9 TO M，N

C．M=11，N=9　　　　　　　　　　D．M=N=12

22．用 DIMENSION A(3，5)命令定义了一个数组 A，则该数组的下标变量(数组元

素)数目是（　　）。

  A．15   B．24   C．8   D．10

23．用 DIMENSLON B(2，3)命令定义数组 s 后再对各元素赋值：B(1，2)=2，B(1，3)=3，B(2，1)=4，B(2，2)=5，B(2，3)=6，然后再执行命令?B（5)，则显示结果是（　　）。

  A．.F. B．变量未定义 C．3   D．5

24．设 M=123，N=456，Z="M+N"，则表达式 6+&Z 的值是（　　）。

  A．6+M+N B．6+&Z C．585 D．错误提示

25．假定有下述变量定义：姓名=[王刚]，性别=[男]，生日={78 / 09 / 08}，婚否=.T.，要显示出以下格式的信息：王刚，男，出生于 78-09-08 .T.，可用命令（　　）。

  A．?姓名，性别，生日，婚否

  B．?姓名+","+性别+","+"出生于"+生日+婚否

  C．?姓名+","+性别+","+"出生于"+DTOC(生日)，婚否

  D．?姓名+","+性别+","+"出生于"+DTOC(生日)+婚否

26．设有变量 PI=3.1415926，执行命令?ROUND(PI，3)的显示结果是（　　）。

  A．3.141 B．3.142 C．3.140 D．3.0

27．设置当前系统时间是 2006 年 6 月 9 日，则表达式?VAL(SUBSTR("2006",2)+RIGHT (STR(YEAR(DATE( ))),2))+24 的值是（　　）。

  A．600.00 B．630.00 C．592.00 D．587.00

28．?{^2006-6-09}+29 的运算结果是（　　）。

  A．07/08/06 B．06/30/06 C．07/08/05 D．07/30/02

29．设一个数据库中有 18 条记录，当 EOF( )返回真值则当前记录号应为（　　）。

  A．18   B．0   C．19   D．1

30．执行 STORE "VF 程序设计上机指导与习题集" TO M 命令之后，要在屏幕上显示"指导 VF 程序设计指导与习题集"，应使用命令（　　）。

  A．?SUBSTR(M，15，4)+SUBSTR(M，1，0)+SUBSTR(M，10)

  B．?SUBSTR(M，15，4)+LEFT(M，1，10)+RIGHT(M，19)

  C．?SUBSTR(M，15，4)+LEFT(M，10)+RIGHT(M，10)

  D．?SUBSTR(M，15，4)+LEFT(M，10)+RIGHT(M，19，10)

31．函数 SQRT(2*SQRT(2))的计算结果是（　　）。

  A．10   B．3   C．1.68 D．–1

32．函数?ROUND(3.14159，4)的计算结果是（　　）。

  A．1.1415 B．3.14 C．3   D．3.1416

33．下列函数中，函数值为字符型的是（　　）。

  A．TIME( ) B．LEN( ) C．DATE( ) D．MAX( )

34．下列表达式中，运算值为日期型的是（　　）。

  A．YEAR(DATE( ))   B．DATE( )–{12/15/99}

  C．DATE( )–100   D．DTOC(DATE( ))–"12/15/99"

35．在以下 4 组函数运算中，结果相同的是（　　　）。

　　A．LEFT("Visual FoxPro"，6)与 SUBSTR("Visual FoxPro"，1，6)

　　B．YEAR(DATE( ))与 SUBSTR(DTOC(DATE)，7，2)

　　C．VARTYPE("36−5*4")与 VARTYPE(36−5*4)

　　D．假定 A="this"，B ="is a string"，A−B 与 A+B

36．在下列函数中，函数值为数值的是（　　）。

　　A．AT('人民'，'中华人民共和国')　　　B．CTOD("01/01/96")

　　C．BOF( )　　　　　　　　　　　　D．SUBSTR(DTOC(DATE( ))，7)

37．下列函数中函数值为字符型的是（　　）。

　　A．DATE( )　　　　　　　　　　B．TIME( )

　　C．YEAR( )　　　　　　　　　　D．DATETIME( )

二、填空题

1．在【命令】窗口中输入＿＿＿＿＿＿命令，主屏幕上将显示"学习 Visual FoxPro 的方法"。

2．在 Visual FoxPro 中，最多允许定义＿＿＿＿＿＿个数组，每个数组中最多可包含＿＿＿＿＿个元素。

3．定义含有 8 个元素的一维数组 A 的命令是＿＿＿＿＿＿，使 A 数组元素全部清 0 的命令是＿＿＿＿＿＿。

4．下面的程序运行的结果是＿＿＿＿＿＿。

```
DIMENSION    ARRAY[4]
CLEAR
ARRAY[1]="student"
ARRAY[2]="techer"
ARRAY[3]="beijing"
ARRAY[4]="hello"
?ASCAN(ARRAY,"techer")
?ASCAN(ARRAY,"beijing")
POSITION=ASCAN(ARRAY,"hello")
?ARRAY[POSITION]
```

5．函数的一般形式为＿＿＿＿＿＿。

6．在 Visual FoxPro 中，函数的 3 要素是＿＿＿＿＿＿。

7．表达式"You"$"You are student"结果为＿＿＿＿＿＿。

8．表达式"Windows"="Win"结果为＿＿＿＿＿＿。

9．表达式{06-11-20}>{06-11-10}结果为＿＿＿＿＿＿。

10．表达式的形式包括＿＿＿＿＿＿和＿＿＿＿＿＿。

11．表达式"Win"="Windows"结果为＿＿＿＿＿＿。

12．表达式 4+5>=6.OR.4+4>8.AND.3+2=5 结果为＿＿＿＿＿＿。

13．表达式"World"=="Win"结果为＿＿＿＿＿＿。

14．LEFT("123456789"，LEN("数据库"))的计算结果是_____。

15．? ROUND(123.456，-2) _____。

16．输入?ROUND(56.37272,2)，出现的结果是_____。

17．函数 FLOOR( )用来返回_____。

第4章 数据库和表

4.1 试题解析

一、选择题解析

1. 一张二维表是一个关系，二维表中的每一行是关系的一个（　　）。

    A. 属性　　　　　　B. 元组　　　　　　C. 结构　　　　　　D. 数据项

【答案】 B

【解析】 二维表中的每一行是关系的一个元组，它相当于一个记录值，用以描述一个个体。

2. 在 Visual FoxPro 中，要浏览表记录，首先用（　　）命令打开要操作的表。

    A. USE　　　　　　　　　　　　B. OPEN STRUCTURE

    C. MODIFY STRUCTURE　　　　D. MODIFY

【答案】 A

【解析】 在 Visual FoxPro 中浏览，首先要用 USE 命令打开要操作的表。选项 B 中的命令语法错误；选项 C 中的命令用来修改当前表的结构；输入选项 D 中的命令会出现一个对话框，提示命令中缺少子句。

3. 在 Visual FoxPro 中，结构复合索引文件的特点是（　　）。

    A. 在打开表时自动打开

    B. 在同一索引文件中能包含多个索引方案，或索引关键字

    C. 在添加、更改或删除记录时自动维护索引

    D. 以上答案均正确

【答案】 D

【解析】 在 Visual FoxPro 中，结构复合压缩索引文件的特点是：在打开表时自动打开；在同一索引文件中能包含多个索引方案或索引关键字；在添加、更改或删除记录时自动维护索引。因此正确答案为 D。

4. Visual FoxPro 中的 SEEK 命令用于（　　）。

    A. 索引　　　　　　B. 定位　　　　　　C. 搜索　　　　　　D. 查找

【答案】 B

【解析】本题考查的知识点是 Visual FoxPro 中 SEEK 命令的功能。在 Visual FoxPro 中，SEEK 命令是利用索引快速定位。

5. 在 Visual FoxPro 中，浏览表记录的命令是（　　）。

    A. USE　　　　B. BROWSE　　　　C. MODIFY　　　　D. BROWES

【答案】 B

【解析】 在 Visual FoxPro 中，浏览表记录的命令是 BROWSE；选项 A 中的 USE 命令用来浏览之间打开表。浏览表之前，首先用 USE 命令打开要浏览的表，然后输入 BROWSE 命令按 Enter 键；选项 C 中的命令缺少子句，而且也不是浏览命令；选项 D 中的命令书写错误。

6. 如果需要给当前表增加一个字段，应使用的命令是（   ）。

    A．APPEND   B．MODIFY STRUCTURE

    C．INSERT   D．EDIT

【答案】 B

【解析】 完成为当前表增加一个字段的操作，需要修改表结构，故应调出【表设计器】。该题的 4 个选项中只有 MODIFY STRUCTURE 命令可调出【表设计器】，对表中的字段进行添加或删除操作。EDIT、APPEND 及 INSERT 均用于对表中记录的编辑和修改，其中 APPEND 命令用于在表尾追加记录；INSERT 命令用于在表中某一指定位置插入记录；EDIT 命令用于编辑表中记录。

7. 以索引方式打开表文件时，记录指针指向（   ）。

    A．第一条记录   B．最后一条记录

    C．随机某一条记录   D．键值最小或最大的记录

【答案】 D

【解析】 建立索引就是对当前表中的记录进行逻辑排序，根据"索引表达式"的键值，产生一个逻辑顺序号与表记录号（物理编号）的对照表，并将此对照表存储于索引文件中。在索引文件中，所有关键字值按升序或降序排列，每个值对应表中的一个记录，因此索引能够确定记录的逻辑顺序，而不改变表中记录的物理顺序。当设置主控索引或以索引方式打开表文件的同时，该索引顺序生效，即自动使用键值的逻辑顺序，当索引文件升序排列时，记录指针指向键值最小的记录；当索引文件降序排列时，记录指针指向键值最大的记录。

8. Visual FoxPro 中的参照完整性规则包括（   ）。

    A．更新规则   B．删除规则   C．插入规则   D．以上答案均正确

【答案】 D

【解析】 在 Visual FoxPro 中，参照完整性规则包括更新规则、删除规则、插入规则。因此正确答案为 D。

9. Visual FoxPro 中的索引有（   ）。

    A．主索引、候选索引、普通索引、视图索引

    B．主索引、次索引、唯一索引、普通索引

    C．主索引、次索引、候选索引、普通索引

    D．主索引、候选索引、唯一索引、普通索引

【答案】 D

【解析】 Visual FoxPro 中包括 4 种索引，分别为主索引、候选索引、唯一索引和普通索引。选项 A 中的视图索引错误；选项 B 中的次索引错误；选项 C 中的次索引错误。

10. 主索引可确保字段中输入值的（ ）性。

    A. 唯一   B. 重复   C. 多样   D. 兼容

【答案】 A

【解析】 主索引在指定字段或表达式中不允许出现重复值的索引，这种索引可以起到主关键字的作用，所谓不允许出现重复值是指创建索引的字段值不允许重复，即唯一的特性。

11. 一个表的全部备注字段的内容存储在（ ）中。

    A. 同一表备注文件   B. 不同表备注文件

    C. 同一文本文件   D. 同一数据库文件

【答案】 A

【解析】 若一个表中某字段需输入不定长度的字符文本时，该字段的类型应设为备注型。备注型数据输入时需以鼠标双击相应字段的"memo"区，在弹出的编辑窗口中进行编辑，而一个表的全部备注字段的内容将存储在同一表备注文件中。

12. 已知当前表中有 60 条记录，当前记录为第 6 号记录。执行命令 SKIP 3 后，则当前记录为第（ ）号记录。

    A. 3   B. 4   C. 8   D. 9

【答案】 D

【解析】 SKIP n 命令用于从当前记录指针所指向的记录开始移动，n 条记录（n 为正时向后移动，n 为负时向前移动）。本题中当前记录为第 6 号记录，执行 SKIP 3 之后，记录指针将从第 6 号记录开始，向下移动 3 条记录，结果为第 9 号记录。

13. 使用 REPLACE 命令时，如果范围短语为 ALL 或 REST，则执行该命令后记录指针指向（ ）。

    A. 末记录   B. 首记录

    C. 末记录的后面   D. 首记录的后面

【答案】 C

【解析】 REPLACE 为替换字段值的命令，若其范围子句是"ALL"，则表示将所有记录的相关字段值全部替换；若为"REST"，则表示从当前记录开始到最后一条记录为止的所有记录的相关字段值全部替换，其结果是记录指针将指向末记录的后面。

14. 在 Visual FoxPro 中，一个表可以创建（ ）个主索引。

    A. 1   B. 2   C. 3   D. 若干

【答案】 A

【解析】 在 Visual FoxPro 中，创建主索引的字段可以看作是主关键字，一个表只能有一个主关键字，所以一个表可以创建一个主索引。因此正确答案为 A。

15. 打开一个空数据表文件，分别用函数 EOF( )和 BOF( )测试，其结果一定是（ ）。

    A. .T.和.T.   B. .F.和.F.   C. .T.和.F.   D. .F.和.T.

【答案】 A

【解析】 函数 EOF( )用于测试记录指针是否指向最后一条记录之后，若是则结果为.T.；不是结果为.F.；函数 BOF( )用于测试记录指针是否指向第一条记录之前。对于一个空数据表文件而言，EOF( )和 BOF( )测试均为.T.。

16. 物理删除记录可用两步操作完成，这两步的命令分别为（　　）。
　　A．PACK 和 ZAP　　　　　　B．PACK 和 RECALL
　　C．DELETE 和 PACK　　　　 D．DELETE 和 RECALL
【答案】 C
【解析】 Visual FoxPro 中表记录的删除可分为两种：逻辑删除 DELETE 和物理删除 PACK。逻辑删除 DELETE 是对当前表中的指定记录加删除标记，这些记录在浏览表时仍然可见，并可以通过 RECALL 命令恢复。物理删除 PACK 是将带有删除标记的记录真正从表中清除，且无法通过命令恢复。因此物理删除记录可先用 DELETE 命令做删除标记，再用 PACK 将带有删除标记的记录物理删除。

17. 执行 LIST NEXT 1 命令之后，记录指针的位置指向（　　）。
　　A．下一条记录　　　　　　　B．原来记录
　　C．尾记录　　　　　　　　　D．首记录
【答案】 B
【解析】 LIST 命令用于显示满足条件的记录，其指定范围的子句 NEXT N 限定的显示范围是从当前记录开始的 N 个记录的内容。因此，LIST NEXT 1 命令用于显示当前记录指针指向的一条记录，记录指针的位置不变。

18. 已知一个数据表文件有 10 条记录，当前记录号是 6，使用 INSERT BLANK 命令加一条空记录，该空记录的记录号是（　　）。
　　　A．7　　　　　B．5　　　　　C．9　　　　　　D．8
【答案】 A
【解析】 INSERT 命令是在当前表的指定位置插入一条记录，后跟子句 BLANK 的作用是在表中当前记录后插入一条空记录。由于当前数据表文件记录指针指向的记录号为 6，所以新插入的空记录的记录号是 7。

19. 已知一个数据表文件有 8 条记录，当前记录号是 5，使用 APPEND BLANK 命令加一条空记录，该空记录的记录号是（　　）。
　　　A．6　　　　　B．5　　　　　C．9　　　　　D．8
【答案】 C
【解析】 APPEND 命令用于在表尾追加记录，后跟子句 BLANK 时表示在表尾追加一条空记录，与当前记录指针的位置无关。由于原数据表文件有 8 条记录，所以在表尾追加一条空记录时记录号应是 9。

20. 要求一个数据表文件的数值型字段具有 6 位小数，那么该字段的宽度最少应当定义成（　　）。
　　　A．5 位　　　　B．6 位　　　　C．7 位　　　　D．8 位
【答案】 C
【解析】 数据表文件的数值型字段的宽度设定时，小数点和正、负号都应在字段宽

度中各占 1 位。若数据为纯小数,那么该字段宽度最少应当比其小数位数多 1 位。该题中要求数值型字段具有 6 位小数,因此该字段的宽度最少应当定义成 7 位。

21. 表文件已打开,为了确保记录指针定位在物理记录号为 10 的记录上,应该使用命令( )。

    A. SKIP -10   B. GO BOTTOM

    C. SKIP 10   D. GO 10

【答案】 D

【解析】 GO 命令用于记录定位,GO 10 命令将指针定位在物理记录号为 10 的记录上。而 GO BOTTOM 将记录指针指向表尾,SKIP 在当前记录指针的基础上移动,两者都不能保证指针定位记录号为 l0 的记录上。

22. 某表文件有 5 个字段,其中 3 个字符型宽度分别为 6、12 和 10,另外还有一个逻辑型字段和一个日期型字段,该数据表文件中每条记录的总字节数是( )。

    A. 37   B. 38   C. 39   D. 40

【答案】 B

【解析】 Visual FoxPro 规定逻辑型字段宽度为 1,日期型字段宽度为 8。该数据表文件中每条记录有 3 个字符型宽度分别为 6、12 和 10 的字段,加上一个逻辑型字段和一个日期型字段,该数据总字节数是 37,加上删除标记占用的一个字节,故每条记录的总字节数是 38。

23. 在 Visual FoxPro 中通用型(G)字段在表中占用的字节数是( )。

    A. 10   B. 4   C. 8   D. 2

【答案】 B

【解析】 通用型字段一般用于存放图形、声音等多媒体数据,每个表的所有通用型字段数据存储于扩展名为 .fpt 的文件中。Visual FoxPro 中规定,通用型数据宽度为 4,用于表示该数据在 ftp 文件中的存储地址。

24. 下列叙述中,正确的是( )。

    A. 一个关系的字段之间和记录之间都存在联系

    B. 一个关系的字段之间和记录之间都不存在联系

    C. 一个关系的字段之间不存在联系,而记录之间存在联系

    D. 一个关系中只有字段之间存在联系

【答案】 A

【解析】 现实世界中的事物都是彼此关联的,任何一个实体都不是独立存在的,因此描述实体的数据也是互相关联的。联系有两种:一种是实体内部的联系,反映在数据上是记录内部即字段间的联系;另一种是实体与实体之间的联系,反映在数据上是记录之间的联系。

25. 删除学生表中姓赵的学生,应使用命令( )。

    A. DELETE FOR"赵"$姓名

    B. DELETE FOR SUBSTR(姓名,1,2)="赵"

　　C．DELETE FOR 姓名="赵?"

　　D．DELETE FOR RIGHT(姓名，1)="赵"

【答案】　B

【解析】　DELETE FOR 命令用于删除满足条件的记录。选项 A 中$为包含运算符，DELETE 删除的将是所有的"姓名"字段值中含有赵字的记录，与题目要求不符。选项 B 利用 SUBSTR 函数截取姓名字段中第一个字，若为"赵"字，则删除，满足题目要求，结果正确。选项 C 中"?"代表任意一个字符，不符合题目要求。选项 D 利用 RIGHT 函数截取姓名字段中最后一个字，若为"赵"字，则删除，与题目要求不符，也是错误的。

26．删除表的命令是（　　　）。

　　A．ERASE　　　　　　　　　　　B．ALTER TABLE

　　C．DELETE　　　　　　　　　　　D．USE

【答案】　A

【解析】　删除表可在【命令】窗口键入命令：ERASE 表文件名。该命令在使用时应注意先关闭表文件，且表文件的扩展名不能省略。ALTER TABLE 在 SQL 语言中用于修改表，DELETE 用于逻辑删除表记录，USE 用于打开/关闭表。

27．与菜单【表】|【追加新记录】命令相对应的命令为（　　　）。

　　A．APPEND　　　　　　　　　　　B．APPEND BLANK

　　C．INSERT　　　　　　　　　　　D．INSERT BLANK

【答案】　B

【解析】　Visual FoxPro 中的许多功能都可以通过菜单操作或在【命令】窗口输入命令实现，APPEND 用于在表尾追加若干条记录，相当于【显示】|【追加方式】命令；APPEND BLANK 用于在表尾追加一条空记录，相当于【表】|【追加新记录】命令。

28．STUDENT.dbf 是一个具有两个备注型字段的表文件，使用 COPY TO 命令进行复制操作，其结果将（　　　）。

　　A．仅得到一个新的表文件

　　B．得到一个新的表文件和一个新的备注文件

　　C．得到一个新的表文件和两个新的备注文件

　　D．显示出错误信息，表明不能复制具有备注型字段的数据表文件

【答案】　B

【解析】　命令"COPY TO 文件名"可用于从表复制成一个新表或其他类型的文件。因原表具有两个备注型字段，而表中所有备注型字段都存于同一个备注文件中，所以在对该表进行复制时，系统将复制一个新的表文件和一个新的备注文件。

29．当前工作区是指（　　　）。

　　A．1 号工作区　　　　　　　　　　B．225 号工作区

　　C．最先选择的工作区　　　　　　　D．最近一次选择的工作区

【答案】　D

【解析】　在 Visual FoxPro 中，实现多表操作，是通过开辟多个工作区，并在不同工

作区打开多表的方式来实现的，使用 SELECT 命令选择不同工作区。进入系统后，默认使用 1 号工作区。目前使用的工作区被称为当前工作区。

30．显示表中所有主任和副主任记录的命令是（　　）。

A．LIST FOR 职称="主任" AND 职称="副主任"

B．LIST FOR 职称>="副主任"

C．LIST FOR 职称="主任"OR"副主任"

D．LIST FOR"主任"$职称

【答案】 D

【解析】 LIST FOR 命令用于显示满足 FOR 语句指明的条件的记录。根据题目要求显示表中所有主任和副主任记录，选项 D 是正确的。选项 A 中，"AND" 短语使用错误，应改为 "OR"。选项 B 中，职称>="副主任"逻辑错误。选项 C 中，"OR" 后面的表达式应为职称="副主任"。

31．在 Visual FoxPro 中，打开【数据库设计器】的命令是（　　）。

A．OPEN DATABASE　　　　　　B．USE DATABASE

C．CREAT DATABASE　　　　　　D．MODIFY DATABASE

【答案】 D

【解析】 在 Visual FoxPro 中，打开【数据库设计器】的命令是 MODIFY DATABASE；OPEN DATABASE 命令用于打开数据库；USE DATABASE 命令是使用数据库中的表；CREAT DATABASE 命令用于创建数据库。

32．SELECT 0 的功能（　　）。

A．选择 0 号工作区　　　　　　B．选择空闲区号最大的工作区

C．选择空闲区号最小的工作区　　D．出错信息

【答案】 C

【解析】 在 Visual FoxPro 中，允许多表操作。SELECT(工作区号)|(别名)命令中(工作区号>的取值范围为 0～32 767。这里的 0 并非指 0 号工作区，而是指目前空闲的最小工作区，其最大值为 32 767，即可以同时选择 32 767 个工作区。

33．在浏览窗口打开的情况下，若要在当前表尾连续添加多条记录，则应使用（　　）。

A．【显示】|【追加方式】命令

B．【表】|【追加新记录】命令

C．【表】|【追加记录】命令

D．快捷键 Ctrl+Y

【答案】 A

【解析】 在当前表尾连续添加多条记录，应选择【显示】|【追加方式】菜单命令。【表】|【追加新记录】菜单命令和快捷键 Ctrl+Y 的功能都是在表尾追加一条记录，而【表】|【追加记录】菜单命令是将磁盘上其他表中的记录添加在当前表中。

34. 下列命令中，仅拷贝表文件结构的命令是（　　）。

　　A. COPY TO　　　　　　　　B. COPY STRUCTURE TO

　　C. COPY FILE TO　　　　　　D. COPY STRUCTURE TO EXETENDED

【答案】　B

【解析】　拷贝表文件结构的命令是 COPY STRUCTURE TO。COPY TO 可用于将当前表中选定的部分记录或字段复制成一个新的表或其他类型的文件。COPY FILE TO 可用于复制任意类型的文件，如将一个表文件复制一个新的表文件。

35. 当前表中，"成绩达标"字段为逻辑类型，要显示所有未达标的记录，应使用命令（　　）。

　　A. LIST FOR 成绩达标=".F."　　　B. LIST FOR 成绩达标<>.F.

　　C. LIST FOR NOT 成绩达标　　　D. LIST FOR 成绩达标=F

【答案】　C

【解析】　由于"成绩达标"字段为逻辑类型，因此其取值范围只能是.T.或.F.。要显示所有未达标的记录，其 FOR 短语应满足的逻辑关系是"NOT 成绩达标"。若成绩达标，则该字段的逻辑值为真，取反后值为假；若未达标，则该字段的逻辑值为假，取反后值为真。

36. 表文件的扩展名为（　　）。

　　A. .dbc　　　　B. .dbf　　　　C. .scx　　　　D. .pjx

【答案】　B

【解析】　Visual FoxPro 中不同类型的文件具有不同的扩展名，.dbc 是数据库主文件的扩展名，.dbf 为表文件的扩展名，.scx 为表单文件的扩展名，.pjx 为项目文件的扩展名。

37. 数据库表的字段或记录可以定义有效性规则，规则可以是（　　）。

　　A. 逻辑表达式　　　　　　　B. 字符表达式

　　C. 数值表达式　　　　　　　D. 前 3 种都可能

【答案】　A

【解析】可以为数据库表的字段或记录定义有效性规则，这个规则一般是一个条件，当字段或记录满足这个条件时允许输入或修改，否则提示违反规则，不能接收，因此这个条件一定是能够产生逻辑值的表达式，如关系表达式(LEFT(编号, 1)="Q")或逻辑表达式(成绩>=0 AND 成绩<=100)，意指使表达式为真的值方可接收。

38. 顺序执行下面命令之后，屏幕所显示的记录号顺序是（　　）。

```
USE student
GO 6
LIST NEXT 4
```

　　A. 1，2，3，4　　　　　　　B. 7，8，9，10

　　C. 6，7，8，9　　　　　　　D. 4，5，6，7

【答案】　C

【解析】 USE student 命令表示打开 student 表，GO 6 命令表示将记录指针指向第 6 条记录；LIST NEXT 4 表示将从第 6 条记录开始的 4 条记录显示出来，所以最后屏幕所显示的记录号为 6，7，8，9。

39．与【表】|【彻底删除】命令相对应的命令是（   ）。

A．PACK   B．DELETE

C．RECALL   D．APPEND FROM

【答案】 A

【解析】 许多菜单上的功能都可以通过在【命令】窗口输入命令实现，如菜单【表】|【彻底删除】对应命令 PACK，"删除记录"对应命令 DELETE，"恢复记录"对应命令 RECALL，"追加记录"对应命令 APPEND FROM。

40．当执行命令 USE teacher ALIAS js IN B 后，被打开的表的别名是（   ）。

A．teacher   B．js   C．B   D．js_B

【答案】 B

【解析】 USE 命令用于打开指定文件名的表；ALIAS 短语用于定义表的别名；IN B 短语用于指明在 2 号工作区打开表。所以上述命令执行后，将在 2 号工作区打开表名为 TEACHER 的数据表，并设其别名为 js，相当于：

```
SELECT B
USE teacher ALIAS js
```

41．如果使用记录检索命令成功找到相应记录，则（   ）。

A．FOUND( )和 EOF( )值均为.T.

B．FOUND( )和 EOF( )值均为.F.

C．FOUND( )值为.T.，EOF( )值为.F.

D．FOUND( )值为.F.，EOF( )值为.T.

【答案】 C

【解析】 使用函数 FOUND( )可以测试定位检索是否成功，测试的定位检索命令包括 LOCATE、CONTINUE、SEEK 和 FIND。检索成功 FOUND( )值为.T.，检索失败 FOUND( )值为.F.；函数 EOF( )用来确定记录指针是否指向最后一条记录之后，当检索成功记录指针定位在被查找的记录上，则 EOF( )为.F.，当检索失败记录指针定位在最后一条记录之后，则 EOF( )为.T.。

42．表之间的"一对多"关系是指（   ）。

A．一个表与多个表之间的关系

B．一个表中的记录对应另一个表中的多个记录

C．一个表中的记录对应多个表中的一个记录

D．一个表中的记录对应多个表中的多个记录

【答案】 B

【解析】 表与表之间的关系是指两个表的记录之间的关系，所以 A、C 和 D 是错误的。

43. 设表 student 中有 20 条记录,在 Visual FoxPro【命令】窗口中执行以下命令序列,最后显示的结果是(　　　)。

```
USF student
SKIP 3
COUNT TO n
?n
```

    A. 0   B. 3   C. 4   D. 20

【答案】 D

【解析】 该命令序列的输出结果是统计表 student 中指定范围内的记录条数,当范围缺省时,指定范围是全部记录。所以 A、B 和 C 是错误的。

44. 对于自由表而言,不允许有重复值的索引是(　　　)。

    A. 主索引   B. 候选索引

    C. 普通索引   D. 唯一索引

【答案】 B

【解析】 因为主索引和候选索引限定索引关键字的键值不允许有重复值,而自由表中没有主索引,所以选择 B。

45. 在 Visual FoxPro 中定位记录时,可以用(　　　)命令向前或向后移动若干条记录位置。

    A. SKIP   B. GOTO   C. GO   D. LOCATE

【答案】 A

【解析】 SKIP 命令的功能是确定了当前记录位置后,向前或向后移动若干条记录位置。GO 和 GOTO 命令等价,用于直接定位。LOCATE 命令是按指定条件定位记录位置。

46. 在下列选项中,不必对表文件进行排序和索引就可以使用的命令是(　　　)。

    A. FIND   B. TOTAL   C. SUM   D. SEEK

【答案】 C

【解析】 命令 TOTAL 实现分类汇总功能,需要先分类、再汇总,而分类操作需要通过排序或索引实现;FIND 和 SEEK 实现索引定位查询,只有 SUM 命令没有排序或索引要求。

47. 关于表文件排序命令,以下说法错误的是(　　　)。

    A. 生成一个新的表文件

    B. 排序后的表文件不能独立使用

    C. 排序后的表文件的记录顺序是物理顺序

    D. 排序文件已按"关键表达式"重新指定记录号

【答案】 B

【解析】 在 Visual FoxPro 中,SORT 命令是对表文件进行物理排序,其功能实现将原来的表记录按照某关键字的顺序重新排序后,改变原表的物理顺序,生成完全独立于原表并且具有新的记录号的新表,该表具有表文件的所有特性。

48. 关于表文件的分类汇总命令（TOTAL），下面说法错误的是（　　）。

A. 需按汇总"关键字表达式"排序或索引

B. 不需排序或索引

C. 汇总后将生成一个汇总表文件

D. 只能对数值型字段进行汇总操作

【答案】 B

【解析】 TOTAL 命令使用前必须按照关键字段进行排序或索引，从而实现按照该关键字进行分类，再进一步实现汇总操作。TOTAL 命令将产生一个汇总文件，该文件是一个表文件，汇总后的表，包含汇总前表中除备注字段外的所有字段，而记录是按关键字段分组后各组的第一条，但要求汇总的字段是各组的合计值，因此汇总字段一定是数值型。所以只有 B 是错误的。

49. 在 Visual FoxPro 中，使用 SET RELATION TO 命令可以建立两个表之间的（　　）。

A. 临时性关联　　　　　　　　B. 永久性关联或临时性关联

C. 永久性关联　　　　　　　　D. 永久性关联和临时性关联

【答案】 A

【解析】 SET RELATION TO 命令可以建立两个表之间临时性关联。建立临时关联是为了控制不同工作区中表记录指针的联动。临时关联是逻辑连接。

50. 建立索引时，（　　）字段不能作为索引字段。

A. 字符型　　　　B. 数值型　　　　C. 备注型　　　　D. 日期型

【答案】 C

【解析】 建立索引文件时，"关键字表达式"可以由多个字段组成，但表达式值的类型必须是字符型、数值型、日期型、逻辑型。

51. 若想将两个表按照一定的条件进行连接，从而建立一个新的表文件，可利用（　　）命令。

A. JOIN　　　　　　　　　　B. SET RELATION TO

C. RELATION　　　　　　　　D. 以上都不是

【答案】 A

【解析】 将两个表按照一定的条件进行连接，从而建立一个新的表文件属于物理连接操作，使用 JOIN 命令；而选项 B 是建立表间的临时关联；C、D 为错误选项。因此应选择 A。

52. 物理删除表中所有记录的命令是（　　）。

A. DELETE　　　B. PACK　　　C. ZAP　　　D. RECALL

【答案】 C

【解析】 DELETE 命令用于逻辑删除结果或者删除标记；PACK 命令用于物理删除有删除标记的记录；ZAP 命令用于物理删除表中的全部记录。

53. 创建表结构的命令是（　　）。

　　A．ALTER TABLE　　　　　　　B．DROP TABLE
　　C．CREATE TABLE　　　　　　　D．CREATE INDEX

【答案】 C

【解析】 创建表结构的命令是 CREATE TABLE。LTER TABLE 命令的作用是修改表结构；DROP TABLE 命令的作用是删除表；CREATE INDEX 命令的作用是创建索引。

54. 下列关于字段名的命名规则，错误的是（　　）。

　　A．字段名必须以字母或汉字开头
　　B．字段名可以由字母、汉字、下划线、数据组成
　　C．字段名中可以包含空格
　　D．字段可以是汉字或合法的西文标识符

【答案】 C

【解析】 在 Visual FoxPro 中，字段名的命令规则有：字段名可以由字母、汉字、数字、下划线组成；字段名可以是汉字或合法的西文标识符；字段名必须以字母或汉字开头；字段名中不能包含空格。本题选项 A、B、D 都符合字段名命名规则，只有选项 C 错误，因为字段名中不可以包含空格。

55. 下列字段名中不合法的是（　　）。

　　A．姓名　　　　　B．3 的倍数　　　C．abs_7　　　　　D．UF1

【答案】 B

【解析】 在 Visual FoxPro 中，字段名的命名规则有：字段名可以由字母、汉字、数字、下划线组成；字段名可以是汉字或合法的西文标识符；字段名必须以字母或汉字开头；字段名中不能包含空格。本题选项 A、C、D 都符合字段名命名规则，只有选项 B 错误，因为字段名只可以字母或汉字开头，不可以数字开头。

56. 在 Visual FoxPro 中，一个表由（　　）个字段组成。

　　A．1　　　　　B．2　　　　　C．3　　　　　D．若干

【答案】 D

【解析】 在 Visual FoxPro 中，一个表由若干列（即字段）组成。每个字段都有唯一的名字，称为字段名。

57. 建立临时关联的方式是（　　）。

　　A．通过索引关键字　　　　　　　B．通过记录号
　　C．通过索引关键字或记录号　　　D．不能通过记录号

【答案】 C

【解析】 建立临时关联的方式是通过索引关键字或记录号，并且通过记录号建立临时关联时，关联表达式必须是数值型。

58. 在 Visual FoxPro 中，自由表字段名最长为（　　）个字符。

　　A．1　　　　　B．2　　　　　C．10　　　　　D．若干个

【答案】 C

【解析】 系统规定，Visual FoxPro 中表的字段名最长为 10 个字符。因此正确答案为 C。

59. 扩展名为.dbc 的文件表示（　　）。

    A．表文件　　　　B．备份文件　　　C．数据库文件　　D．项目文件

【答案】 C

【解析】 选项 A 中"表文件"的扩展名为.dbf；选项 B 中"备份文件"的扩展名为.bak；选项 C 中"数据库文件"的扩展名为.dbc；选项 D 中"项目文件"的扩展名为.pjx。

60. 在 Visual FoxPro 中，打开一个数据库文件的命令是（　　）。

    A．CREATE DATABASE <数据库名>

    B．OPEN DATABASE<数据库名>

    C．CREATE <数据库名>

    D．OPEN <数据库名>

【答案】 B

【解析】 在 Visual FoxPro 中，打开数据库文件的命令是 OPEN DATABASE，因此正确答案为 B。选项 A 中的 CREATE 是创建数据库的命令。选项 C 和 D 的语法错误。

61. 如果要更改表中数据的类型，应在【表设计器】的（　　）选项卡中进行。

    A．字段　　　　B．表　　　　C．索引　　　　D．数据类型

【答案】 A

【解析】 【表设计器】中有 3 个选项卡：字段、索引和表。在【字段】选项卡中可定义字段名、数据类型、宽度、小数位数、显示格式和字段有效性等；在【索引】选项卡中可设置排序方式、索引名和类型等属性；在【表】选项卡中可定义表名，查看表所在的数据库、表文件的名称及表中记录及字段的属性。本题要更改数据类型，应在【字段】选项卡中进行；选项 D 错误，【表设计器】中没有【数据类型】选项卡。

62. 以下关于自由表的叙述，正确的是（　　）。

    A．自由表可以添加到数据库中，但数据库中的表不可以从数据库中移出成自由表

    B．自由表不能添加到数据库中

    C．自由表可以添加到数据库中，数据库中的表也可以从数据库中移出成为自由表

    D．自由表是用以前 FoxPro 版本建立的表

【答案】 C

【解析】 在 Visual FoxPro 中，自由表与其他表的数据没有关系，它可以单独使用，也可以被多个数据库所共享。自由表可以添加到数据库中，使之成为数据库表，也可以将数据库表从数据库移出，使之成为自由表。选项 A 的错误在于数据库中的表可以移出成为自由表；选项 B 的错误在于自由表能添加到数据库表中；选项 D 的错误在于自由表并不是指以前 Visual FoxPro 版本创建的表。

63. 参照完整性的作用是实现（　　）控制。

A. 字段数据的输入　　　　　　B. 记录中相关字段之间的数据有效性

C. 表中数据的完整性　　　　　D. 相关表之间的数据一致性

【答案】 D

【解析】 字段数据输入的控制一般通过字段有效性和字段显示方式控制；记录中相关字段之间的数据有效性一般通过记录有效性控制；表中数据的完整性一般通过主索引进行控制；而相关表之间的数据一致性控制是通过参照完整性检查来实现的。

64. 下列命令中，不能对记录进行编辑修改的是（　　）。

A. MODI STRU　　　B. EDIT　　　C. CHANGE　　　D. BROWSE

【答案】 A

【解析】 在 Visual FoxPro 中，可以用 EDIT、CHANGE、BROWSE 命令修改表记录。执行这 3 个命令后可打开表，之后可以交互式输入或修改空白记录的值。执行 MODI STRU 命令，将打开【表设计器】窗口，之后可以修改字段名、类型和宽度等字段属性。

65. 关于数据库表与自由表的转换，下列说法中正确的是（　　）。

A. 数据库表能转换为自由表，反之不能

B. 自由表能转换成数据库表，反之不能

C. 两者不能转换

D. 两者能相互转换

【答案】 D

【解析】 Visual FoxPro 中表可以分为两种：数据库表和自由表。自由表独立存在，不属于任一数据库；而数据库表归属于某一数据库，可设置字段级规则及约束条件。两者可以相互转换，即数据库表可以从数据库中移出成为自由表，自由表也可添加到某一数据库中成为数据库表。

66. 可以关闭当前工作区中已打开的数据库的命令为（　　）。

A. 使用【文件】|【关闭】命令

B. 使用数据工作期的【关闭】命令

C. 使用命令 USE

D. 使用命令 CLOSE DATABASE

【答案】 D

【解析】 使用【文件】|【关闭】命令关闭的是当前窗口，使用数据工作期的【关闭】命令和使用命令 USE 关闭的是当前打开的表，CLOSE DATABASE 才是关闭当前数据库的命令。

67. 数据库表的触发器也是一种规则，其中插入触发器在进行（　　）操作时触发该规则。

A. 增加记录　　　　　　　　B. 修改记录

C. 删除记录　　　　　　　　D. 浏览记录

【答案】 A

【解析】 为了实现记录有效性和完整性约束，Visual FoxPro 提供了触发器功能，使得用户对记录进行插入、更新、删除时触发这些规则,以实现对记录进行检查的目的,其中增加记录时触发插入规则,修改记录时触发更新规则,删除记录时触发删除规则。

68．在 Visual FoxPro 中,数据完整性约束不包括（　　　）。

　　A．域完整性　　　　　　　　　　B．实体完整性

　　C．参照完整性　　　　　　　　　D．整体完整性

【答案】　D

【解析】　在 Visual FoxPro 中,可以通过定义字段类型和定义字段有效性规则,实现域完整性约束,通过定义主索引和记录有效性规则,实现实体完整性约束,通过建立表间永久联系和参照完整性规则实现表间参照完整性约束。没有整体完整性约束之说。

69．永久关系的主要作用是（　　　）。

　　A．作为查询的连接条件

　　B．作为表单数据环境中默认的临时关系

　　C．设置参照完整性规则以保证数据的一致性

　　D．控制相关表之间记录的访问

【答案】　C

【解析】　表间的永久关系可以作为查询默认的连接条件,也可以作为表单数据环境中默认的临时关系,但最主要的是为了保证数据的一致性而设置参照完整性规则。

二、填空题解析

1．在 Visual FoxPro 中,表中字段名必须是以_____或_____开头,由字母、汉字、数字和下划线等组成的字符串,不能包含空格和其他非法字符。

【答案】　字母；汉字

【解析】　Visual FoxPro 关于表中字段名的命名规则要求是:字段名必须以字母或汉字开头,后跟由字母、汉字、数字和下划线等组成的字符串,不能包含空格和其他非法字符。若为自由表,其长度不超过 10 个字符；若为数据库表,其长度不超过 128 个字符。

2．已知表 T1.dbf 和表 T2.dbf 的结构相同,各含有若干条记录,要将二者连接成一个表使用的命令序列为:

```
USE  T1
_____ T2
```

【答案】　APPEND FROM

【解析】　要将两个结构相同的表连接成一个表,可以使用命令 APPEND FROM 实现。先用 USE T1 命令将表 T1 打开,APPEND FROM T2 将表 T2 的全部记录添加到表 T1 最后一条指令之后。

3．表由_____和_____两部分组成。

【答案】　结构；数据

【解析】　建表时首先要设立表结构,即设定该表有多少个字段,每个字段的字段名、

数据类型、数据宽度等。其次是在已建好结构的空表中存储数据，每一行数据称为一个记录，每个记录将包含表结构中指定的各字段的内容。

4．某数据表中有"物理"、"化学"、"语文"及"总分"4 个字段，现要求计算物理、化学、语文的总成绩，添入"总分"字段，要在【命令】窗口中输入＿＿＿＿＿命令。

【答案】　REPL ALL 总分 WITH 物理+化学+语文

【解析】　对于表中需要成组修改的数据，只要有一定规律，就可以使用 REPLACE 命令自动完成修改操作。本题中需要将物理、化学、语文 3 个字段的内容相加后，添入"总分"字段，即用"物理+化学+语文"的值替换原"总分"字段的值。

5．结构复合索引文件的主文件名与＿＿＿＿＿相同，它随表的打开而打开，当表文件增删记录时，其结构复合索引文件会自动更新，因而使用最方便。

【答案】　表的主名

【解析】　结构复合索引文件的主文件名与表的主名相同，它随表的打开而打开，表关闭时它将自动关闭，当表文件增删记录时其结构复合索引文件自动更新，因而使用最方便。

6．在当前工作区访问其他工作区的表文件中的数据，应采用的操作是＿＿＿＿＿。

【答案】　别名->字段名或别名.字段名

【解析】　在字段名前加上引用数据库文件的别名，即"别名->字段名"或"别名.字段名"。

7．数据库中的每一张表能建立＿＿＿＿＿个主索引。如某字段定义为候选索引或主索引，要求该字段的值必须具有＿＿＿＿＿性。索引可分为多种类型，其中＿＿＿＿＿类型只适用于数据库表。

【答案】　1；唯一；主索引

【解析】　主索引能够保证索引字段中输入值的唯一性，即索引字段不允许出现重复值，同时能够决定记录的处理顺序。主索引仅适用于数据库表。在数据库中，一个数据库表只能建立一个主索引。如果有必要确立记录的其他处理顺序，可以建立候选索引。自由表没有主索引。候选索引也能保证索引字段中输入值的唯一性，并能决定记录的处理顺序，可以被选作主索引，即主索引的"候选项"。对每一个表可以创建多个候选索引。

8．在 Visual FoxPro 中，用 INDEX 命令建立索引文件时，"关键字表达式"可以由多个字段组成，但表达式值的类型必须是＿＿＿＿＿、＿＿＿＿＿、＿＿＿＿＿、＿＿＿＿＿。

【答案】　字符型；数值型；日期型；逻辑型

【解析】　在 Visual FoxPro 中，利用 INDEX 命令建立复合索引文件，此时允许"关键字表达式"可以由多个字段组成，这些字段应通过函数转换成同一类型，表达式值的类型必须是字符型、数值型、日期型、逻辑型，不能是备注型和通用型。

9．如果测试记录检索命令是否成功，可以使用函数＿＿＿＿＿。

【答案】　FOUND( )

【解析】　使用函数 FOUND( )可以测试定位检索是否成功，检索成功 FOUND( )值为.T.，检索失败 FOUND( )值为.F.。

10. 在 Visual FoxPro 中，_____的值不能为空，即不能为 NULL。

【答案】 主关键字

【解析】 必须保证主关键字的值不能在整个表的每个记录中为空，否则无法确定记录的实体完整性。

11. 利用 UPDATE 命令实现表间的数据更新,要求用于更新的两表必须有_____,并且要更新的表按关键字的索引已经建立并且为_____。

【答案】 相同的关键字段；主控索引

【解析】 使用系统提供的表间数据更新的命令，可以实现表间按关键字段值对应的记录数据修改。使用表间数据更新功能，要求用于更新的两表必须有相同的关键字段，并且要更新的表按关键字的索引已经建立并且为主控索引。UPDATE 命令格式为：

UPDATE ON(关键字)FROM(别名)REPLACE(字段名)WITH(表达式)

ON(关键字)：指明更新的对应关系是按关键字的值相同时实现更新

FROM(别名)：指明更新来源数据取自哪个工作区打开的表

REPLACE(字段名)WITH(表达式)：指明如何更新

12. 如果在表上创建了主索引和候选索引，则不能用_____或_____命令插入记录，必须用_____中的 INSERT 命令插入记录。

【答案】 APPEND；NSERT；SQL

【解析】 如果在表上创建了主索引和候选索引，则不能用 APPEND 和 INSERT 命令插入记录，必须用 SQL 中的 INSERT 命令插入记录。这是因为当一个表定义了主索引或候选索引后，由于相应的字段具有关键字的特性，即不能为空，所以只能使用 SQL 中的 INSERT 命令插入新记录。

13. 在 Visual FoxPro 中，与【打开】对话框中的"独占"复选框等效的命令是_____。

【答案】 EXCLUSIVE

【解析】 在 Visual FoxPro 中，文件可以选独占方式、共享方式、只读等方式打开。其中与选定【打开】对话框上的"独占"复选框等效的命令是 EXCLUSIVE；与不选定"独占"复选框等效的命令是 SHARED；与选定"以只读方式打开"复选框等效的命令是 NOUPDATE。

14. Visual FoxPro 索引是_____。

【答案】 由指针构成的文件，这些指针逻辑上按索引关键字值进行排序

【解析】 在 Visual FoxPro 中，索引是由指针构成的文件，这些指针逻辑上按索引关键字值进行排序。

15. 在 Visual FoxPro 中，创建索引的命令是_____。

【答案】 INDEX

【解析】 本题考查的知识点是创建索引的命令。创建索引的命令是 INDEX。

16. 在【表设计器】的_____选项卡中，可以设置记录验证规则，有效性出错信息，还可以指定记录插入更新及删除的规则。

【答案】 表

【解析】 【表设计器】中有 3 个选项卡,在【字段】选项卡中可以设置字段名、类型、宽度、显示格式等属性;【索引】选项卡用来设置有关索引的属性;【表】选项卡用来设置表名,查看表文件的属性,记录有效性规则,指定记录插入、更新及删除的规则。题目中的属性设置都是在【表】选项卡中进行。

17. 在 Visual FoxPro 中,用命令可以创建_____索引,但不可以创建_____索引。

【答案】 普通、唯一、候选;主

【解析】 在 Visual FoxPro 中,利用命令可以创建普通索引、唯一索引和候选索引。这是因为【表设计器】中指定一个主索引实际就是指定了一个主关键字。

18. 在 Visual FoxPro 中,打开索引文件的命令格式是_____。

【答案】 SET INDEX TO<IndexFileList>

【解析】 在 Visual FoxPro 中,打开索引文件的命令格式是 SET INDEX TO<IndexFileList>。其中<IndexFileList>是用逗号隔开的索引文件列表。

19. 在 Visual FoxPro 中,复合索引文件包括_____和_____。

【答案】 结构复合索引文件;独立复合索引文件

【解析】 在 Visual FoxPro 中,复合索引文件包括结构复合索引文件和独立复合索引文件。

20. 从二维表的候选关键字中,选出一个可作为_____。

【答案】 主关键字

【解析】 在一个关系中,凡是其值能唯一地标识一个元组并且又无多余性属性的属性组均称为候选键。如果关系中有多个候选键,则选择其中一个作为主键也称为主关键字。候选键是客观存在的,而主键是从候选键中人为选取的,组成候选键的任何一个属性均称为主属性。

21. 结构复合索引文件的主名与_____相同,它随_____的打开而打开,在删除记录时会自动维护。

【答案】 表的主名;表

【解析】 结构复合索引文件是复合索引文件的一种。结构复合索引文件的主名与表的主名相同,它随表的打开而打开,在删除记录时会自动维护。

22. 独立复合索引文件在_____时用户为其取了名字,打开独立复合索引文件要使用_____或_____,因而使用很少。

【答案】 定义复合索引文件;SET INDEX 命令;USE 命令中的 INDEX 短语

【解析】 独立复合索引文件在定义复合索引文件时用户为其取了名字,打开独立复合索引文件要使用 SET INDEX 命令或 USE 命令中的 INDEX 短语,因而使用很少。

23. 在 Visual FoxPro 中,指定当前数据库的命令是_____。

【答案】 SET DATABASE TO<数据库文件名>

【解析】 Visual FoxPro 可以同时打开多个数据库,但所有作用于数据库的命令或函数只对当前数据库起作用。系统规定,用于指定当前数据库的命令是:SET DATABASE TO <数据库文件名>。

24. 要物理删除表中第 2～6 条的记录，应输入的命令是_____。

【答案】 GO 2 DELETE NEXT 6 PACK

【解析】 在 Visual FoxPro 中，物理删除表中记录的命令是 PACK 和 ZAP。PACK 命令是物理删除表中带有删除标记的记录；ZAP 命令是物理删除表中所有记录。在物理删除表记录之前，要先使用 DELETE 命令为记录添加删除标记。本题应输入的命令是：

```
Go 2              && 定位到当前记录
DELETE NEXT 6     && 为指定的位置添加删除标记
PACK              && 物理删除指定记录
```

25. 输入下列命令，最后一条命令显示的结果是_____。

```
USE 学生
GO 5
SKIP 4
? RECNO()
```

【答案】 9

【解析】 GO 5 命令是指将记录指针指到第 5 条位置；SKIP 4 是指从当前记录开始向后移动 4 个记录，?RECNO( )是指显示记录的个数。本题中当前记录为 5，使用 SKIP 4 命令向后移动 4 条记录，因此结果为 9。

26. 数据库表的长表名和长字段名，存储在_____文件中。

【答案】 数据库

【解析】 数据库表的特有属性，如长表名和长字段名、主索引、有效性规则、违反规则信息、默认值、字段显示控制、触发器等信息不是存放在表文件中，而是存储在数据库文件中。

27. 在 Visual FoxPro 中，显示记录的命令是_____和_____。它们的区别在于不使用条件时，_____默认显示全部记录，而_____则默认显示当前记录。

【答案】 LIST；DISPLAY；LIST；DISPLAY

【解析】 在 Visual FoxPro 中，显示记录的命令是 LIST 和 DISPLAY，它们的区别在于 LIST 默认显示全部记录，而 DISPLAY 则默认显示当前记录。

28. 若数据表"学生"中没有记录（空表），则打开学生表后，函数 RECNO( )、BOF( ) 和 EOR( )的值分别是_____、_____和_____。

【答案】 1；.T.；.T.

【解析】 刚打开数据表时，无论表中有无记录，记录指针总是指向首记录，记录号为 1，因此函数 RECNO( )为 1 。当表中没有记录时，首记录的位置既是文件首部同时也是文件尾部，因此对空数据表，其 BOF( )和 EOF( )的值都是.T.。

29. 使用_____命令可以显示当前已经定义的内存变量。

【答案】 LIST MEMORY 或 DISPLAY MEMORY

【解析】 显示当前已经定义的内存变量可以使用命令：

```
LIST MEMORY 或 DISPLAY MEMORY
```

30．Visual FoxPro 可以同时打开多个数据库，但所有作用于数据库的命令或函数只对_____起作用。

【答案】　当前数据库

【解析】　Visual FoxPro 可以同时打开多个数据库，但在同一时刻只有一个当前数据库，意思是说，所有作用于数据库的命令或函数只对当前数据库起作用。

31．打开【数据库设计器】的命令为_____DATABASE。

【答案】　MODIFY

【解析】　在 Visual FoxPro 系统中，很多数据库的操作，都在【数据库设计器】中完成，而打开【数据库设计器】的命令为 MODIFY DATABASE。请注意此处是打开【数据库设计器】，不应使用打开数据库命令 OPEN DATABASE，因为打开数据库并不意味着打开【数据库设计器】，这一点窗口命令与菜单命令功能不同，使用文件菜单的打开命令，可以在打开数据库同时，打开【数据库设计器】，实际实现的是 OPEN DATABASE 和 MODIFY DATABASE 两个窗口命令。

32．在 Visual FoxPro 中，表分为_____和_____。

【答案】　数据库表；自由表

【解析】　本题所考查的知识点是 Visual FoxPro 中的表。在 Visual FoxPro 中，表分为两种：数据库表和自由表。

33．从磁盘上删除一个数据库表，可使用【数据库】菜单中的_____命令。

【答案】　移去

【解析】　在磁盘上删除一个数据库表，可以在【数据库设计器】中，选择该表，执行【数据库】|【移去】菜单命令，在打开的【移去还是删除的确认】对话框中，选择删除。此外可以使用快捷菜单的【删除】和【删除数据库】命令 DELETE DATABASE 实施删除。

34．在打开的【数据库设计器】中，用鼠标右键单击其中的表，然后在快捷菜单中选择【删除】，则功能是对表进行_____操作。

【答案】　移去或删除

【解析】　快捷菜单的【删除】可以实现两个功能，一个是将表从数据库中移出成为自由表，另一个是从磁盘上彻底删除表。两个功能将在选择了【删除】命令后，在打开的对话框中进行选择确定。建议选择此种做法删除数据库表，因为如果直接采用文件的删除做法，只删除了这个数据库表，而不能删除数据库中与表相关的信息，从而导致数据库异常。

4.2　练　习　题　库

一、选择题

1．设置字段级规则时，"字段有效性"框的"规则"中应输入（　　）表达式，"信息"框中输入（　　）表达式。

  A．逻辑、由字段决定　　　　　　　B．逻辑、字符串

  C．字符串、逻辑　　　　　　　　　D．由输入的字段决定、逻辑

2．不能对记录进行编辑修改的命令是（　　）。

  A．MODI STRU　　　　　　　　　B．EDIT

  C．BROWSE　　　　　　　　　　　D．CHANGE

3．如果要在当前表中新增一个字段，应使用（　　）命令。

  A．MODIFY STRUCTURE　　　　　B．INSERT

  C．APPEND　　　　　　　　　　　D．EDIT

4．在工作区 1 中已打开数据表 STUDENT.dbf，则在工作区 2 再次打开该数据表的操作是（　　）。

  A．非法操作　　　　　　　　　　　B．USE STUDENT IN 2 AGAIN

  C．USE STUDENT IN 2　　　　　　　D．USE IN 2 AGAIN

5．在使用逻辑删除命令 DELETE[FOR<逻辑表达式>]时，如果用 FOR 短语指定了逻辑表达式，则（　　）。

  A．物理删除使该逻辑表达式为假的所有记录

  B．逻辑删除使该逻辑表达式为假的所有记录

  C．物理删除使该逻辑表达式为真的所有记录

  D．逻辑删除使该逻辑表达式为真的所有记录

6．要为当前表所有学生的年龄增加 4 岁，应输入的命令是（　　）。

  A．CHANGE ALL 年龄 WITH 年龄+4

  B．REPLACE ALL 年龄 WITH 年龄+4

  C．REPLACE ALL 年龄+4 WITH 年龄

  D．CHANGE ALL 年龄+4 WITH 年龄

7．要显示数据表文件中平均分超过 86 分和平均分不及格的所有男生记录，应使用的命令为（　　）。

  A．LIST FOR 性别='男'.AND.平均分>86.OR.平均分<60

  B．LIST FOR 性别='男'.AND.平均分>=86.AND.平均分<=60

  C．LIST FOR 性别='男'.AND.(平均分>86.OR.平均分<60)

  D．LIST FOR 性别='男'，平均分>=86，平均分<=60

8．若当前数据表共有 10 条记录，且无索引文件处于打开状态，若执行命令 GO 5 后接着执行命令 INSERT BLANK BEFORE，则此时记录指针指向第（　　）条记录。

  A．11　　　　　　B．5　　　　　　C．6　　　　　　D．4

9．执行 LIST NEXT 1 命令之后，记录指针的位置指向（　　）。

  A．尾记录　　　　B．首记录　　　　C．原来记录　　　D．下一条记录

10. 要想在一个打开的数据表中删除某些记录，应先后选用的两个命令是（　　）。

    A. PACK、DELETE　　　　　　　B. DELETE、PACK

    C. DELETE、ZAP　　　　　　　　D. DELETE、RECALL

11. 如果一个 Visual FoxPro 表文件中有 100 条记录，当前记录号为 76，执行命令 SKIP 30 之后，再执行命令?RECNO( )，其结果是（　　）。

    A. 106　　　　　B. 100　　　　　C. 错误提示　　　D. 101

12. 设数据表文件中共有 50 条记录，执行命令 GO BOTTOM 后，记录指针指向记录的序号是（　　）。

    A. 51　　　　　B. 50　　　　　C. 1　　　　　　D. EOF( )

13. EOF( )是测试函数，当正使用的数据表文件的记录指针已达尾部，其函数值为（　　）。

    A. 1　　　　　　B. 0　　　　　　C. .T.　　　　　D. .F.

14. Visual FoxPro 中的索引有（　　）。

    A. 主索引、候选索引、唯一索引、普通索引

    B. 主索引、候选索引、唯一索引、视图索引

    C. 主索引、候选索引、视图索引、普通索引

    D. 主索引、视图索引、唯一索引、普通索引

15. 设工资数据表和按基本工资（N 型字段）升序排序的索引文件已打开，并执行过赋值语句 NN=1000，则在下面的各条命令中，错误的是（　　）。

    A. LOCATE FOR　基本工资=NN　　B. SEEK FOR　基本工资=NN

    C. FIND 1000　　　　　　　　　　D. SEEK NN

16. Visual FoxPro 支持（　　）两种索引文件。

    A. 主索引文件和候选索引文件　　B. 单索引文件和主索引文件

    C. 主索引文件和复合索引文件　　D. 单索引文件和复合索引文件

17. 关于 INSERT BEFORE BLANK 语句描述正确的是（　　）。

    A. 在当前记录前插入一条空记录　B. 在表尾插入一条记录

    C. 在表中任何位置插入一条记录　D. 在当前记录后插入一条空记录

18. 已知当前表中有 60 条记录，当前记录为第 6 号记录。如果执行命令 SKIP 3 后，则当前记录为第（　　）号记录。

    A. 4　　　　　　B. 8　　　　　　C. 3　　　　　　D. 9

19. 一个表的全部备注字段的内容存储在（　　）中。

    A. 同一表备注文件　　　　　　　B. 同一文本文件

    C. 不同表备注文件　　　　　　　D. 同一数据库文件

20. Visual FoxPro 系统中，表的结构取决于（　　）。

    A. 字段的个数、名称、类型和长度

    B. 记录的个数、顺序

    C. 字段的个数、名称、顺序

D．记录和字段的个数、顺序

21．在 Visual FoxPro 环境下，用 LIST STRU 命令显示表中每个记录的长度（总计）为 60，用户实际可用字段的总宽度为（　　）。

A．3、8、10　　　　　　　　　　B．61

C．60　　　　　　　　　　　　　D．3、8、任意

22．在定义表结构时，以下（　　）数据类型的字段宽度都是定长的。

A．备注型、逻辑型、数值型　　　B．字符型、货币型、整型

C．字符型、货币型、数值型　　　D．日期型、备注型、逻辑型

23．下列说法中错误的是（　　）。

A．二维表中行的顺序、列的顺序均可以任意交换

B．二维表中不允许出现完全相同的两行

C．二维表中的每一列均有唯一的字段名

D．二维表中行的顺序、列的顺序不可以任意交换

24．在"职工"表文件中，婚否是 L 型字段，性别是 C 型字段，若检索"已婚的男同志"，应该用（　　）逻辑表达式。

A．已婚.OR.(性别=男)　　　　　B．(婚否=.T.).AND.(性别='男')

C．婚否.AND.(性别=男)　　　　　D．婚否.OR.(性别='男')

25．要求表文件某数值型字段的整数是 4 位，小数是 2 位，其值可能为负数，该字段的宽度应定义为（　　）。

A．8 位　　　　　B．4 位　　　　　C．7 位　　　　　D．6 位

26．Delete 的作用是（　　）。

A．删除整个表中的记录　　　　　B．只给要删除的记录做删除标志

C．不能删除记录　　　　　　　　D．将记录从表中彻底删除

27．以.dbf 为扩展名的文件是（　　）。

A．菜单文件　　　B．索引文件　　　C．数据库文件　　　D．备注文件

28．下述命令中的（　　）命令不能关闭表文件。

A．CLOSE DATABASE　　　　　　B．USE

C．CLEAR　　　　　　　　　　　D．CLEAR ALL

29．若所建立索引的字段值不允许重复，并且一个表中只能创建一个，它应该是（　　）。

A．主索引　　　　　　　　　　　B．普通索引

C．候选索引　　　　　　　　　　D．唯一索引

30．对表结构的修改是在下面（　　）对话框中完成的。

A．表设计器　　　　　　　　　　B．表达式生成器

C．数据库设计器　　　　　　　　D．浏览窗口

31．在浏览器中设置删除标记和取消删除标记的快捷键是（　　）。

A．Ctrl+E　　　　B．Ctrl+T　　　　C．Ctrl+Y　　　　D．Ctrl+F

32. 在浏览窗口中，不能将一条记录逻辑删除的操作是（　　）。

    A. 单击该记录前的白色小方块，使其变黑

    B. 将光标定位于该记录，按 Delete 键

    C. 将光标定位于该记录，单击表菜单中的"切换删除标志"选项

    D. 将光标定位于该记录，按 Ctrl+T 组合键

33. 在显示下拉菜单中，单击"追加方式"选项，可在当前表（　　）。

    A. 表尾增加一个空记录　　　　　　B. 窗口上打开【追加】对话框

    C. 表尾追加多条记录　　　　　　　D. 某个指定记录前插入一个空记录

34. 可以伴随着表的打开而自动打开的索引是（　　）。

    A. 非结构化复合索引文件　　　　　B. 复合索引文件

    C. 结构化复合索引文件　　　　　　D. 单一索引文件

35. 在多表操作中，如果选择了 1，3，5，6 号工作区并打开了相应的表文件，在【命令】窗口中执行命令 SELECT 0，其功能为（　　）。

    A. 选择 7 号工作区为当前工作区　　B. 选择 2 号工作区为当前工作区

    C. 选择 0 号工作区为当前工作区　　D. 错误操作

36. 在 Visual FoxPro 中，允许同时选择的工作区数最大值为（　　）。

    A. 225　　　　　　B. 32 767　　　　　C. 254　　　　　　　D. 10

37. 若表文件已设置"学号"为主控索引，要查询学号为"200523011"的学生情况，正确的操作为（　　）。

    A. FIND "200523011"　　　　　　B. SEEK "200523011"

    C. FIND "200523011"　　　　　　D. SEEK "学号"

38. 要为当前表所有职工增加 100 元工资应该使用命令（　　）。

    A. CHANGE ALL 工资 WITH 工资+100

    B. REPLACE 工资 WITH 工资+100

    C. CHANGE 工资 WITH 工资+100

    D. REPLACE ALL 工资 WITH 工资+100

39. 在 Visual FoxPro 中，通用型字段 C 和备注型字段 M 在表中的宽度都是（　　）。

    A. 8 个字节　　　B. 4 个字节　　　　C. 10 个字节　　　　D. 2 个字节

40. 检测记录检索是否成功，可以使用函数（　　）。

    A. FOUND( )　　B. TYPE( )　　　C. SELECT( )　　　D. BOF( )

41. 数据库文件工资.dbf 共有 10 条记录，当前记录号为 5。用 SUM 命令计算工资总和，如果不给出范围短句，那么命令（　　）。

    A. 只计算当前记录工资值　　　　　B. 计算后 6 条记录工资值之和

    C. 计算后 5 条记录工资值之和　　　D. 计算全部记录工资值之和

42. 若想在两个表之间建立临时关联，可利用（　　）命令。

    A. RELATION　　　　　　　　　　B. SET RELATION TO

    C. JOIN　　　　　　　　　　　　　D. 以上都不是

43. 对学历为"本科"的职工按工资由低到高排序，工资相同的职工按年龄由大到小排序，应使用的命令是（　　）。

  A．SORT TO XL ON 工资/A，出生日期/A FOR 学历="本科"

  B．SORT TO XL ON 工资/D，出生日期/A FOR 学历="本科"

  C．SORT TO XL ON 工资/A，出生日期/D

  D．SORT TO XL ON 工资/A，出生日期/D FOR 学历="本科"

44. 必须对表文件进行索引操作后才可以使用的命令是（　　）。

  A．LOCATE B．REPLACE C．SEEK D．SUM

45. Visual FoxPro 参照完整性不包括（　　）。

  A．更新规则 B．删除规则 C．查询规则 D．插入规则

46. 设当前库中含有出生日期字段（D 型）、工资（N 型）和婚否字段（L 型、已婚为.T.)，将库中工资收入在 2000～3000 元之间的人员记录数据库拷贝到新库中的筛选条件是（　　）。

  A．FOR 工资>2000 .OR. 工资<3000

  B．FOR 工资>2000 OR 工资<3000

  C．FOR 工资>2000 .AND. 工资<3000

  D．FOR 2000<工资<3000

47. 设表 STUDENT.dbf 中有 35 条记录，其中"三好生"字段为逻辑型，其值为.T. 的记录有 15 条，在 Visual FoxPro【命令】窗口中执行以下命令序列，最后显示的结果是（　　）。

```
USE STUDENT
SKIP 1
COUNT TO n FOR 三好生=.F.
?n
```

  A．15 B．4 C．0 D．20

48. 若当前数据库中有 200 个记录，当前记录号是 8，执行命令 LIST NEXT 5 的结果是（　　）。

  A．显示 8 号记录的 5 个字段

  B．显示 1 至 5 号记录的内容

  C．显示第 5 号记录的内容

  D．显示从 8 号记录开始以下 5 条记录的内容

49. 所有可选项缺省时，数据库记录输出命令 LIST 和 DISPLAY 的区别是（　　）。

  A．LIST 和 DISPLAY 都只显示当前一条记录

  B．LIST 显示全部记录，DISPLAY 显示当前一条记录

  C．LIST 和 DISPLAY 都显示全部记录

  D．DISPLAY 显示全部记录，LIST 显示当前一条记录

50. 下列不能对记录进行编辑修改命令是（　　）。

A. MODI STRU　　　　　　　　　　B. EDIT

C. BROWSE　　　　　　　　　　　 D. CHANGE

51. 创建数据库的命令是（　　　）。

　　A. CREATE DATABASE　　　　　B. DELETE DATABASE

　　C. MODIFY DATABASE　　　　　D. OPEN DATABASE

52. 调出【数据库设计器】的命令是（　　　）。

　　A. DELETE DATABASE　　　　　B. OPEN DATABASE

　　C. MODIFY DATABASE　　　　　D. CREATE DATABASE

53. 使用【文件】|【打开】菜单命令，打开一个已存在的数据库 SJK，相当于在【命令】窗口输入了命令（　　　）。

　　A. MODIFY DATABASE SJK

　　B. OPEN DATABASE SJK

　　C. CREATE DATABASE SJK

　　D. OPEN DATABASE SJK 和 MODIFY DATABASE SJK

54. 创建数据库后，系统自动生成扩展名为（　　　）的 3 个文件。

　　A. .dbf、.dbt 和.fpt　　　　　　B. .dbc、.dct 和.dcx

　　C. .pjx、.pjt 和.rpj　　　　　　D. .scx、.sct 和.spx

55. 建立数据库表时，将年龄字段值限制在 18～30 岁之间的这种约束属于（　　　）。

　　A. 视图完整性约束　　　　　　 B. 域完整性约束

　　C. 参照完整性约束　　　　　　 D. 实体完整性约束

56. 下列（　　　）操作不会激活字段的有效性规则检验。

　　A. 修改了数据并关闭表时　　　 B. 修改字段的值时

　　C. 修改了字段的值转去修改其他值时　　D. 修改表结构并保存时

57. 在参照完整性的设置中，如果当主表中删除记录后，要求删除子表中的相关记录，则应将"删除"规则设置为（　　　）。

　　A. 忽略　　　　　B. 级联　　　　　　C. 限制　　　　　D. 任意

58. 参照完整性规则的作用是实现（　　　）控制。

　　A. 相关表之间的数据一致性

　　B. 记录中相关字段之间的数据有效性

　　C. 表中数据的完整性

　　D. 字段数据的输入

59. Visual FoxPro 中数据库文件的扩展名为（　　　）。

　　A. .dbc　　　　　B. .prg　　　　　　C. .pjx　　　　　D. .dbf

60. 在 Visual FoxPro 中，打开数据库的命令是（　　　）。

　　A. OPEN DATABASE <数据库名>　　B. OPEN <数据库名>

　　C. USE DATABASE <数据库名>　　 D. USE <数据库名>

二、填空题

1．数据表文件 STUDENT.dbf 中有字段：姓名，C、出生年月/D、总分/N 等，要创建姓名、总分、出生年月的组合索引，其索引关键字表达式是_____。

2．Visual FoxPro 将表分为两种，即_____和_____。

3．唯一索引中的"唯一性"是指_____的唯一，而不是指_____的唯一。

4．在多个字段上的索引称为_____。

5．【参照完整性】对话框中的【插入规则】选项卡用于指定_____中插入新记录或更新已存在的记录时所用的规则。

6．自由表可以单独使用，也可以被多个_____所共享。

7．在 Visual FoxPro 中，数据表之间的关系按连接方式分类可分为_____、_____和_____3 种。

8．字段"单价"为数值型，如果整数部分最多 3 位、小数部分 2 位，那么该字段的宽度至少应为_____。

9．如果某记录的备注型字段标志显示为_____，则表明该字段不再为空。

10．每个表打开后都有两个默认的别名，一个是_____，一个是_____。

11．设当前打开的数据表中共有 20 条记录，当前记录号为 10，此时若要显示 10、11、12、13、14 号记录的内容，应用的命令是_____。

12．在 Visual FoxPro 中执行 LIST 命令，要想在屏幕和打印机上同时输出，应使用命令_____。

13．浏览窗口显示表记录有两种格式，即_____和_____。

14．设数据表文件中有 10 条记录，当前记录号为 1，且无索引文件处于打开状态。若执行命令 SKIP -1 后再执行命令?RECNO( )，屏幕将显示_____。

15．删除记录的操作通常分为两步：先给要删除的记录做_____，然后再从磁盘上将其物理删除。

16．要在当前表中第 7 号记录与第 8 号记录之间插入一条新的记录，可以使用的命令序列是

GO 8
_____。

17．表文件尾位于_____；表文件头位于_____。

18．要将当前表中"奖学金"字段的值全部清 0，而表结构及其他字段的值保持不变，可使用命令_____。

19．若表中"是否保送"字段为逻辑型，则显示所有保送生记录的命令为_____。

20．将当前表中已经删除的男生记录恢复的命令为_____。

21．APPEND 命令是在_____增加记录。

22．在 Visual FoxPro 中，自由表字段名最长为_____个字符。

23．设当前打开的数据表中共有10 条记录,当前记录是5,此时执行 INSERT BEFORE

BLANK 命令后，当前记录号是_____。

24．表中的一列称为_____，它规定了数据的特征；表中的一行称为一个_____，它是多个字段的集合。

25．不能用_____和通用型字段构造索引表达式创建索引。

26．若要建立表间的一对多联系，必须在父表中建立_____索引，在子表中建立_____索引。

27．为表文件"选课"按"学号"字段升序和"课程号"字段升序建立索引名为"xs"的结构复合索引的命令是_____。

28．如果表结构中包含_____类型或_____类型的字段时，会产生一个扩展名为.fpt 的备注文件。

29．对于表文件"学生"，利用 CALCULATE 命令计算表中记录的个数、年龄字段的最小值及年龄的平均值应执行命令_____。

30．在 Visual FoxPro 中，最多同时允许打开_____个数据库表和自由表。

31．数据库表的索引共有_____种，自由表的索引共有_____种。

32．表的索引类型有主索引、唯一索引、候选索引和_____。

33．打开一张表时，_____索引文件将自动打开，表关闭时它将自动关闭。

34．建立数据库的命令为 CREATE_____。

35．数据库中的每一张表能建立_____个主索引。

36．创建数据库后，系统自动生成扩展名为.dbc、.dct 和.dcx 的 3 个文件，其中.dbc 为数据库主文件，.dct 为数据库_____文件，.dcx 为数据库_____文件。

37．如果在主表中删除一条记录，要求子表中的相关记录自动删除，则参照完整性的规则应设置成_____。

38．打开数据库的命令为_____DATABASE。

39．不允许子表增加记录后出现"孤立记录"（与主表无关记录），则参照完整性的规则应设置为_____。

40．可以设置有效性规则的表为_____表。

41．在数据库表中有而自由表中没有的索引为_____。

42．可以为数据库表定义有效性规则，这个规则一般是_____表达式。

43．数据库文件的扩展名为_____。

第 5 章　结构化查询语言 SQL

5.1　试题解析

一、选择题解析

1. 只有满足联接条件的记录才包含在查询结果中，这种联接称为（　　）。

A. 内部联接　　　B. 左联接　　　　C. 右联接　　　　D. 外部联接

【答案】 A

【解析】 内部联接是只有满足联接条件的记录出现在查询结果中；左联接是除满足联接条件的记录出现在查询结果中外，第 1 个表中不满足联接条件的记录也出现在查询结果中；右联接是除满足联接条件的记录出现在查询结果中外，第 2 个表中不满足联接条件的记录也出现在查询结果中；完全联接是除满足联接条件的记录出现在查询结果中外，两个表中不满足联接条件的记录也出现在查询结果中。

2. 下列关于查询的说法，错误的一项是（　　）。

A. 查询是 Visual FoxPro 支持的一种数据库对象

B. 查询就是预先定义好的一个 SQL-SELECT 语句

C. 查询是从指定的表或视图中提取满足条件的记录，然后按照想得到的输出类型定向输出查询结果

D. 查询就是查询，它与 SQL-SELECT 语句无关

【答案】 D

【解析】此处介绍的查询实际是一个名词,它是 Visual FoxPro 支持的一种数据对象。实际上，查询就是预先定义好的一个 SQL-SELECT 语句，根据不同的需要可以反复和直接使用。换个角度讲，查询是从指定的表或视图中提取满足条件的记录，然后按照想得到的输出类型定向输出查询结果。由此可以看出选项 A、B、C 都正确，选项 D 错误，因为查询就是预先定义好的一个 SQL-SELECT 语句。

3. 在【查询设计器】中，选定【杂项】选项卡中的"无重复记录"复选框，与执行 SQL-SELECT 语句中的（　　）等效。

A. WHERE　　　　　　　　　B. JOIN ON

C. ORDER BY　　　　　　　　D. DISTINCT

【答案】 D

【解析】 在 Visual FoxPro 中，DISTINCT 短语对应【查询设计器】上的【杂项】选项卡中的"无重复记录"，是用来指定查询中没有重复项。选项 A 用于指定查询条件，与【筛选】选项卡对应。选项 B 用于编辑联接条件，与【联接】选项卡对应。选项 C

用于指定排序字段和排序方式，与【排序依据】选项卡对应。选项 D 用于指定是否要重复记录，与【杂项】选项卡上的"无重复记录"项对应。

4. SQL-SELECT 语句中的 GROUP BY 和 HAVING 短语对应【查询设计器】上的（　　）选项卡。

    A. 字段　　　　　　B. 联接　　　　　C. 分组依据　　　D. 排序依据

【答案】　C

【解析】　在 Visual FoxPro 中，GROUP BY 和 HAVING 短语对应【查询设计器】上的【分组依据】选项卡，都是用来分组的。

5. 在 Visual FoxPro 中，当一个查询基于多个表时，要求表（　　）。

    A. 之间不需要有联系　　　　　B. 之间必须是有联系的
    C. 之间一定不要有联系　　　　D. 之间可以有联系可以没联系

【答案】　B

【解析】　在 Visual FoxPro 中，当一个查询基于多个表时，要求表之间必须存在联系。由此可知，只有选项 B 正确，选项 A、C、D 都错误。

6. 在【查询设计器】中，【字段】选项卡对应（　　）短语，用来指定要查询的数据。

    A. SQL-SELECT　　　　　　B. FROM
    C. WHERE　　　　　　　　D. ORDER BY

【答案】　A

【解析】　【字段】选项卡对应 SQL-SELECT 短语，用来指定要查询的数据。选项 B 对应用于设计查询的表或视图；选项 C 对应【筛选】选项卡，用来指定查询条件。选项 D 对应【分组依据】选项卡，用于指定排序的字段和排序方式。

7. 【查询设计器】中的选项卡依次为（　　）。

    A. 字段、联接、筛选、排序依据、分组依据
    B. 字段、联接、排序依据、分组依据、杂项
    C. 字段、联接、筛选、排序依据、分组依据、更新条件、杂项
    D. 字段、联接、筛选、排序依据、分组依据、杂项

【答案】　D

【解析】　【查询设计器】中有 6 个选项卡，依次为字段、联接、筛选、排序依据、分组依据和杂项。选项 A 中缺少【杂项】选项卡；选项 B 中缺少【筛选】选项卡；选项 C 中多了【更新条件】选项卡，实际上选项 C 是【视图设计器】中的选项卡；选项 D 完全正确。

8. 在 Visual FoxPro 中，联接类型有（　　）。

    A. 内部联接，左联接，右联接
    B. 内部联接，左联接，右联接，外部联接
    C. 内部联接，左联接，右联接，完全联接
    D. 内部联接，左联接，外部联接

【答案】 C

【解析】 在 Visual FoxPro 中，联接类型有内部联接、左联接、右联接和完全联接。选项 A 缺少完全联接；选项 B 外部联接不对；应改为完全联接；选项 C 完全正确；选项 D 外部联接不对，应改为右联接和完全联接。

9. 在 SQL 查询中，使用 WHERE 子句指出的是（   ）。

    A. 查询条件   B. 查询结果   C. 查询文件   D. 查询目标

【答案】 A

【解析】本题考查的知识点是 SQL 中用于查询的语句。在 SQL 查询中，使用 WHERE 子句指出的是查询条件。选项 B、C、D 说法错误。

10. SQL 的核心是（   ）。

    A. 数据定义   B. 数据修改

    C. 数据查询   D. 数据控制

【答案】 C

【解析】 SQL 具有数据定义、数据修改、数据查询和数据控制的功能，但其核心为数据查询，这一点由 SQL 本身的含义也可以看出，SQL 是结构化查询语言的英文单词"structured query language"的缩写。

11. 使用 SQL 语句修改字段的值，应使用命令（   ）。

    A. REPLACE   B. UPDATE

    C. DELETE   D. INSERT

【答案】 B

【解析】 使用 SQL 语句修改字段的值，应使用命令 UPDATE。REPLACE 是 Visual FoxPro 的修改命令，DELETE 是删除记录的命令，INSERT 是插入记录的命令。

12. 用 SQL 语句建立表时，为表定义有效性规则，应使用短语（   ）。

    A. DEFAULT   B. PRIMARY KEY

    C. CHECK   D. UNIQUE

【答案】 C

【解析】 使用 SQL 语句建立表时，除了定义表的结构（字段名、类型、宽度）外，还可以定义表的主索引、候选索引、有效性规则、默认值等信息，其中 PRIMARY KEY 定义表的主索引，UNIQUE 定义表的候选索引，CHECK 引导有效性规则，DEFAULT 引导默认值。

13. 在 SQL 的查询语句中，实现关系的投影操作的短语为（   ）。

    A. SELECT   B. FROM

    C. WHERE   D. JOIN ON

【答案】 A

【解析】 关系的基本操作包括选择、投影和连接，在 SQL 查询中都有短语具体实现，其中 WHERE 实现的是选择，SELECT 实现的是投影，JOIN ON 实现的是联接。

二、填空题解析

1. 当一个查询基于多个表时，这些表之间必须是_____。

【答案】　有联系的

【解析】　在 Visual FoxPro 中，当一个查询基于多个表时，这些表之间必须是有联系的，否则在打开查询设计表之前会打开一个对话框提示指定联接条件。

2. SQL 查询中，SELECT 设置输出的列中使用了函数，但没有使用 GROUP BY 进行分组，则查询结果有_____条记录。

【答案】　1

【解析】　在 SQL 查询中，如果使用函数进行计算查询，通常情况要进行分组查询，如按课程求平均、求最高分等，此时如果不进行分组，则查询结果是对全表数据计算，得到一条记录，因此在实现分组计算查询时，应使用 GROUP BY 进行分组。

3. 使用 SQL 语句建立数据库表学生（学号 C（6），姓名 C（6），性别 C（2），年龄 N（3）），其中学号为主索引，年龄限定在 18~24 岁之间，默认为 20，请对如下命令进行填空。

CREATE TABLE 学生(学号 C（6）_____，姓名 C（6），性别 C（2），;
年龄 N（3）_____ 年龄>=18_____ 20)

【答案】　PRIMARY KEY；CHECK；AND 年龄<=24 DEFAULT

【解析】　使用 CREATE TABLE 建立表，为字段设置主索引，应使用短语 PRIMARY KEY 为字段设置有效性规则应使用短语 CHECK，设置默认值应使用短语 DEFAULT，年龄限制在 18~24 岁之间，条件只给出了一部分，另一部分为年龄<=24，并且应与年龄>=18 同时成立，使用逻辑运算符 AND 连接。

4. 在【查询设计器】中，用于编辑联接条件的选项卡是_____，对应于_____语句。

【答案】　联接；JOIN ON

【解析】　【查询设计器】中有 6 个选项卡，用于编辑联接条件的选项卡是"联接"，它与 JOIN ON 语句相对应。

5. SQL 修改表结构时，使用短语_____增加字段，使用短语_____修改字段名以外的内容，使用短语_____修改字段名，使用短语_____删除字段。

【答案】　ADD；ALTER；RENAME...TO；DROP

【解析】　本题为修改表结构的综合题，对于结构的修改主要有对字段的增加、删除和对原有结构的修改，SQL 命令使用不同的短语来实现，其中增加字段使用短语 ADD，删除字段使用短语 DROP，而修改字段名使用 RENAME...TO，修改字段的其他属性使用短语 ALTER。

6. SQL 定义表结构及约束使用_____命令，修改表结构使用_____命令，删除表结构使用_____命令。

【答案】　CREATE TABLE；ALTER TABLE；DROP TABLE

【解析】 本题为 SQL 数据定义功能的综合题，SQL 数据定义功能是指建表、修改表结构和删除表，分别使用命令 CREATE TABLE、ALTER TABLE 和 DROP TABLE 来实现。

7. 为学生表增加一个数值型字段成绩，长度为3，命令为：_____TABLE 学生_____成绩_____。

【答案】 ALTER；ADD；N（3）

【解析】 为表增加字段，属于结构的修改，应使用结构修改命令 ALTER TABLE，具体修改为增加字段，应使用短语 ADD（修改字段用 ALTER，删除字段用 DROP），成绩的类型和长度给定方法与定义中相同，格式应为成绩 N（3）。

8. 为学生表成绩字段增加约束为在 0～100，命令为：TABLE 学生成绩_____成绩_____0 AND 100。

【答案】 SET CHECK；BETWEEN

【解析】 为字段增加约束，属于结构的修改，应使用结构修改命令 ALTER TABLE，具体修改为增加字段的有效性规则，属于修改字段定义，应使用短语 ALTER（增加字段用 ADD，删除字段用 DROP）指出添加约束的字段名，使用短语 SET CHECK 增加有效性规则设置（还可以使用 DROP CHECK 删除规则），约定成绩在 0～100，使用运算符 BETWEEN。

9. 与表达式

职称="经理" OR 职称="副经理"

等价的 SQL 表达式为：

职称_____("经理"，"副经理")或职称_____"%经理"

【答案】 IN；LIKE

【解析】SQL 有几个特殊的运算符 BETWEEN、IN、LIKE，这些运算符 Visual FoxPro 命令不能识别，但有等价的表达式，大家应掌握它们之间的对应关系。在若干值之间取值，SQL 可以使用 IN；包含运算，SQL 可以使用 LIKE；在表达式中使用通配符%或代表任一串字符和任一个字符，在两值范围内，SQL 使用 BETWEEN...AND。

10. 内部联接是指只有_____的记录才包含在查询结果中。

【答案】 满足联接条件

【解析】 本题考查的知识点是内部联接的基本知识。在 Visual FoxPro，内部联接是指只有满足联接条件的记录才包含在查询结果中。

11. 年龄大于等于 18 岁并且小于等于 25 岁的学生可用逻辑表达式_____来表示。

【答案】 年龄>= 18 AND 年龄<= 25

【解析】年龄大于等于 18 岁并且小于等于 25 岁的学生，是将学生的年龄限定在 18～25 岁，因此应该用逻辑运算符 AND 连接两个关系表达式。

12. 把名为"考生成绩"的自由表添加到当前数据库中，应输入的命令是_____。

【答案】 ADD TABLE A NAME 考生成绩

【解析】　添加自由表的命令是 ADD TABLE，格式为 ADD TABLE<自由表名>|?[NAME<长表名>]。本题依次指定命令及名称即可，答案为：ADD TABLE A NAME 考生成绩。

5.2　练 习 题 库

一、选择题

1．以下不可以实现查询功能的操作是（　　）。

　　A．视图　　　　　　　　　　　　B．SQL 的 SELECT 命令

　　C．查询　　　　　　　　　　　　D．SQL 的 UPDATE 命令

2．SQL 是英文单词（　　）的缩写。

　　A．standard query language　　　B．structured query language

　　C．select query language　　　　D．以上都不是

3．在 SQL 查询命令中实现分组查询，应使用的短语是（　　）。

　　A．SELECT　　　　　　　　　　B．WHERE

　　C．ORDER BY　　　　　　　　　D．GROUP BY

4．SQL 查询命令中 JOINON 短语的功能是（　　）。

　　A．设置分组条件　　　　　　　　B．设置输出记录的条件

　　C．设置连接条件　　　　　　　　D．设置输出的字段

5．SQL 的数据操纵语句包括 SELECT、INSERT、UPDATE 和 DELETE 等。其中最重要的，也是使用最频繁的语句是（　　）。

　　A．SELECT　　　B．DELETE　　　C．UPDATE　　　D．INSERT

6．SQL 语言是（　　）。

　　A．宿主语言　　　　　　　　　　B．结构化查询语言

　　C．第三代语言　　　　　　　　　D．高级语言

7．SQL 语句中取消查询结果中重复记录的短语是（　　）。

　　A．ALONE　　　　　　　　　　　B．DISTINCT

　　C．ONLY　　　　　　　　　　　 D．UNIQUE

8．Visual FoxPro 系统中的查询文件是指一个包含一条 SQL-SELECT 命令的程序文件，文件的扩展名为（　　）。

　　A．.txt　　　　　　　　　　　　B．.qpr

　　C．.scx　　　　　　　　　　　　D．.prg

9．以下不是 SQL 功能的是（　　）。

　　A．数据查询　　　　　　　　　　B．数据修改

　　C．数据定义　　　　　　　　　　D．数据收集

10. 在 SQL 查询时，使用 WHERE 子句指出的是（　　）。
    A．查询视图　　　　　　　　B．查询结果
    C．查询条件　　　　　　　　D．查询目标
11. SQL 中可使用的通配符有（　　）。
    A．_(下划线)　　B．%(百分号)　　C．*(星号)　　D．B 和 C
12. 下面有关 HAVING 子句描述错误的是（　　）。
    A．使用 HAVING 子句的作用是限定分组的条件
    B．使用 HAVING 子句的同时不能使用 WHERE 子句
    C．使用 HAVING 子句的同时可以使用 WHERE 子句
    D．HAVING 子句必须与 GROUP BY 子句同时使用，不能单独使用
13. 在 SQL 的查询语句中，实现关系的选择操作的短语为（　　）。
    A．ORDER BY　　　　　　　　B．FROM
    C．WHERE　　　　　　　　　D．SELECT
14. SQL 中既允许执行比较操作，又允许执行算术操作的数据类型是（　　）。
    A．数值型　　　B．时间型　　　C．位串型　　　D．字符串型
15. SQL 语言是具有（　　）的功能。
    A．数据定义、关系规范化、数据操纵
    B．数据定义、数据操纵、数据控制
    C．数据定义、关系规范化、数据控制
    D．关系规范化、数据操纵、数据控制
16. SQL 语言是（　　）语言。
    A．非数据库　　　　　　　　B．网络数据库
    C．关系数据库　　　　　　　D．层次数据库
17. 在 SQL 中，建立视图用（　　）。
    A．CREATE INDEX 命令　　　B．CREATE TABLE 命令
    C．CREATE VEIW 命令　　　　D．CREATE SCHEMA 命令
18. SQL 语言中，实现数据检索的语句是（　　）。
    A．SELECT　　　B．DELETE　　　C．UPDATE　　　D．INSERT
19. 在 SQL 的查询语句中，指定查询来源表的短语为（　　）。
    A．JOIN…ON　　　　　　　　B．FROM
    C．WHERE　　　　　　　　　D．SELECT
20. HAVING 短语必须接在短语 GROUP BY 之后，其作用是（　　）。
    A．设置表间的连接条件　　　B．设置分组条件
    C．设置参加查询记录的条件　D．设置分组依据
21. 用 SQL 语句，若将查询结果输出到表，应使用短语（　　）。
    A．TO FILE　　　　　　　　B．INTO CURSOR
    C．INTO TABLE　　　　　　　D．INTO ARRAY

22．SQL 语言是（　　）的语言，易学习。

A．导航式　　　　B．非过程化　　　C．格式化　　　　　D．过程化

二、填空题

1．在 Visual FoxPro 中，联接类型有_____。

2．关联是指使不同工作区的记录指针创建起一种临时_____关系，当父表的记录指针移动时，子表的记录指针也随之移动。

3．在 SQL 中，建立唯一索引要用到保留字_____。

4．在 SQL 中，用_____子句消除重复出现的元组。

5．SQL 是_____。

6．_____是关系数据语言的标准语言。

7．为图书表所有图书单价提高 10%，实现的命令为：_____图书_____单价_____单价*1.1

8．按出版社查询图书表中的图书种类（一个书号为一种）及平均单价。SELECT 出版社，_____AS 图书种类，_____AS 平均单价；FROM 图书_____出版社

9．SQL 中函数 MAX( )和 MIN( )的功能是求_____和_____。

10．查询没有借阅过的图书书名和作者。SELECT 书名作者 FROM 图书 WHERE 书号 NOT IN_____

11．使用 SQL 语句实现数据查询，设置查询输出的字段，使用_____短语；设置查询的基表，使用_____短语；设置查询输出记录的条件，使用_____短语。

12．使用 SQL 语句实现数据查询，设置查询结果的顺序，使用_____短语；限制查询结果排序后输出记录的数目，使用_____短语；在查询结果中去除重复的记录，应使用_____短语。

13．使用 SQL 语句实现分组查询，设置分组后满足的条件，使用_____短语，该短语应跟在分组依据短语_____的后面。

14．在 SQL 查询中，与【查询设计器】的连接选项卡对应的短语为_____，与字段选项卡对应的短语为_____，与筛选选项卡对应的短语为_____。

15．在 SQL 查询中，与【查询设计器】的排序依据选项卡对应的短语为_____，与分组依据选项卡对应的短语为_____。

16．在 SQL 查询中，与【查询设计器】的杂项选项卡中"无重复记录"复选框对应的短语为_____；与"列在前面的记录"对应的短语为_____。

17．在 SQL 查询中，短语 WHERE 用来设置输出记录的_____，短语 ORDER BY 用来设置输出记录的_____，短语 GROUP BY 用来设置_____。

18．在 SQL 查询中，默认查询结果输出到_____。

19．在 SQL 查询中，将查询结果存放在一个表中，应使用短语_____。

20．在 SQL 查询中，使用短语 INTO CURSOR 将查询结果存放在＿＿＿＿＿＿中。

21．与逻辑表达式"成绩>=60 AND 成绩<=100"等价的 SQL 表达式为"成绩＿＿＿＿＿60＿＿＿＿＿100"。

22．与 SQL 表达式"成绩 IN(60，100)"等价的逻辑表达式为＿＿＿＿＿。

23．与 SQL 表达式"供应商名 LIKE "%电器%""等价的表达式为＿＿＿＿＿。

24．SQL 中用于计算平均值查询的函数是＿＿＿＿＿，求和函数为＿＿＿＿＿，计数函数为＿＿＿＿＿。

25．在 SQL-SELECT 语句中，DISTINCT 选项的功能是去除＿＿＿＿＿记录。

26．商品数据库中含有两个表："商品"表和"销售"表，结构如下。

商品表：商品编号 C（6），商品名称 C（20），进货价 N（12,2），销售价 N（12,2），备注 M

销售表：流水号 C（6），销售日期 D，商品编号 C（6），销售数量 N（8,2）

查询每天销量最大的商品编号和数量的语句为：

SELECT 销售日期,商品编号,＿＿＿＿＿AS 最大销量 FROM 销售 GROUP BY＿＿＿＿＿

27．查询借阅了"英语"书的读者姓名和电话的语句为：

SELECT 姓名，电话 FROM 图书，借阅，读者 WHERE 读者.借书证号=借阅.借书证号；＿＿＿＿＿＿＿＿＿＿＿＿＿＿＿＿＿＿＿

28．查询借阅过图书的人数和人次的语句为：

SELECT＿＿＿＿＿AS 借阅人次，＿＿＿＿＿AS 借阅人数 FROM 借阅

第6章 查询与视图

6.1 试 题 解 析

一、选择题解析

1. 在【查询设计器】中，用于编辑联接条件的选项卡是（   ）。

    A．字段   B．联接   C．筛选   D．排序依据

【答案】 B

【解析】 在【查询设计器】中，用于编辑联接条件的选项卡是【联接】选项卡。选项 A 用于指定要查询的数据；选项 C 用于指定查询条件；选项 D 用于指定排序字段和排序方式，因此正确答案为 B。

2. 在 Visual FoxPro 中，查询文件的扩展名为（   ）。

    A．.qbr   B．.fmt   C．.fpt   D．.lbt

【答案】 A

【解析】 在 Visual FoxPro 中，查询文件的扩展名为.qbr。本题选项 A 是查询文件的扩展名。选项 B 是格式文件的扩展名。选项 C 是表备注文件的扩展名。选项 D 是标签备注文件的扩展名。

3. 打开【查询设计器】的命令是（   ）。

    A．OPEN QUERY   B．OPEN VIEW

    C．CREATE QUERY   D．CREATE VIEW

【答案】 C

【解析】 在 Visual FoxPro 中，打开【查询设计器】的命令是 CREATE QUERY。本题选项 A 和 B 属于语法错误。选项 C 是打开【查询设计器】的命令。选项 D 是打开【视图设计器】的命令。

4. 在 Visual FoxPro 中，运行查询的快捷键为（   ）。

    A．Ctrl+V   B．Ctrl+P   C．Ctrl+D   D．Ctrl+Q

【答案】 D

【解析】 在 Visual FoxPro 中，运行查询的快捷为 Ctrl+Q。Ctrl+V 是粘贴快捷键。Ctrl+P 是打印快捷键。Ctrl+D 是运行程序的快捷键。

5. 下列利用【项目管理器】新建查询的操作中，正确的一项是（   ）。

    A．打开【项目管理器】，选定【数据】选项卡，选定"查询"，单击【新建】按钮

    B．打开【项目管理器】，选定【数据】选项卡，选定"查询"，单击【运行】按钮

C. 打开【项目管理器】，选定【文档】选项卡，选定“查询”，单击【新建】
按钮

D. 打开【项目管理器】，选定【代码】选项卡，选定“查询”，单击【新建】
按钮

【答案】 A

【解析】 利用【项目管理器】新建查询的操作步骤是：打开【项目管理器】，选定
【数据】选项卡，选定“查询”，单击【新建】按钮，打开【查询设计器】，即可创建查
询。本题选项 A 创建查询的操作方法正确。选项 B 错误，因为新建查询，应该单击【新
建】按钮，查询在没创建之前不能运行。选项 C 和 D 错误，因为“查询”项位于【数
据】和【全部】选项卡下，【文档】和【代码】选项卡中没有“查询”项。

6. 在 Visual FoxPro 中，【查询设计器】中的选项卡与（ ）语句相对应。

    A. SQL-SELECT   B. SQL-ALSERT

    C. SQL-UPDATE   D. SQL-DROP

【答案】 A

【解析】 在 Visual FoxPro 中，因为查询是预先定义好的一个 SQL-SELECT 语句，
【查询设计器】的基础是 SQL-SELECT 语句，所以【查询设计器】中的选项卡与
SQL-SELECT 语句相对应。选项 A 与【查询设计器】中的选项卡相对应。选项 B 用于
修改表的结构，与【查询设计器】无关。选项 C 用于更新表，与【查询设计器】无关。
选项 D 用于删除表，与【查询设计器】无关。因此正确答案为 A。

7. 在【查询设计器】的【字段】选项卡中设置字段时，如果将“可用字段”框中
的所有字段一次移到“选定字段”框中，可单击（ ）按钮。

    A. 添加   B. 全部添加

    C. 移去   D. 全部移去

【答案】 D

【解析】 在【查询设计器】中，如果要将“可用字段”框中的全部字段都移到“选
定字段”框中，可单击【全部添加】按钮。单击【添加】按钮只可以将选定的字段添加
到“选定字段”框中。单击【全部添加】按钮可以将字段全部添加到“选定字段”框。
单击【移去】按钮，可以将在“选定字段”框中选定的字段移到“可用字段”框中。单
击【全部移去】按钮，可以将“选定字段”框中的所有字段移到“可用字段”框中。

8. 在【查询设计器】中可以定义的“查询去向”有（ ）。

    A. 浏览、临时表、表、图形、屏幕、报表、标签

    B. 浏览、临时表、表、图形、屏幕、报表、视图

    C. 浏览、临时表、表、图形、屏幕、标签

    D. 浏览、临时表、表、图形、报表、标签

【答案】 A

【解析】 在 Visual FoxPro 中，由于设计查询的目的不只为了完成查询功能，因此在
【查询设计器】中可以根据需要为查询输出定位查询去向。在 Visual FoxPro 中，可以定

位的查询去向有浏览、临时表、表、图形、屏幕、报表和标签；选项 A 完全正确；选项 B 缺少标签，多了视图；选项 C 缺少报表；选项 D 缺少屏幕。

9. 下列运行程序的方法中，错误的一项是（　　）。

    A. 打开【项目管理器】中的【数据】选项卡，选择要运行的查询，单击【运行】按钮

    B. 单击【查询】|【运行查询】菜单命令

    C. 按 Ctrl+D 快捷键

    D. 执行 DO <查询文件名>命令

【答案】　C

【解析】　在 Visual FoxPro 中，运行查询的方法有多种，常用的有：打开【项目管理器】，展开【数据】选项卡，选择要运行的查询，单击【运行】按钮；单击菜单【查询】|【运行查询】命令；按 Ctrl+D 快捷键；执行 DO<查询文件名>命令。

10. 下列关于查询的说法正确的一项是（　　）。

    A. 查询文件的扩展名为.qpx

    B. 不能基于自由表创建查询

    C. 根据数据库表或自由表或视图可以创建查询

    D. 不能基于视图创建查询

【答案】　C

【解析】　选项 A 错误，因为查询文件的扩展名为.qpr，.qpx 是编译后的查询程序文件的扩展名。选项 B 错误，可以基于自由表创建查询。选项 C 正确。选项 D 错误，因为查询是从指定的表或视图中提取满足条件的记录，所以查询基于表或视图创建。

11. Visual FoxPro 系统中，使用【查询设计器】生成的查询文件中保存的是（　　）。

    A. 查询的命令　　　　　　　　B. 与查询有关的基表

    C. 查询的结果　　　　　　　　D. 查询的条件

【答案】　A

【解析】　使用【查询设计器】生成的查询文件中保存的是一条 SQL 命令，并非查询出来的结果，这个命令中包含了查询的基表、查询的条件等信息。当运行查询时，系统会执行这个保存的命令，并在默认的浏览窗口显示出查询的结果。

12. 在 Visual FoxPro 的【查询设计器】中【筛选】选项卡对应的 SQL 短语是（　　）。

    A. SELECT　　　　B. FOR　　　　C. WHERE　　　　D. JOIN

【答案】　C

【解析】　【查询设计器】是 SQL 的界面方式，通过【查询设计器】可以构造一条 SQL 语句，因此，【查询设计器】的各选项卡都与 SQL 短语对应，其中【筛选】选项卡对应 WHERE 短语，【字段】选项卡对应 SELECT 短语，【连接】选项卡对应 JOIN ON 短语，【排序依据】选项卡对应 ORDERBY 短语，【分组依据】选项卡对应 GROUP BY 短语，【杂项】选项卡中"无重复记录"复选框对应 DISTINCT 短语，"列在前面的记录"对应 TOP 短语。

13.【查询设计器】中，系统默认的查询结果的输出去向是（ ）。

  A．表   B．临时表   C．浏览   D．报表

【答案】 C

【解析】 使用【查询设计器】进行查询，默认的查询去向为浏览窗口，此外可以使用【查询】菜单或【查询设计器】工具栏的"查询去向"设置查询结果去向，可以将查询结果输出到表（对应短语 INTO TABLE）、临时表（对应使用短语 INTO CURSOR）、报表（REPORT）等。

14．Visual FoxPro 中（ ）作为查询的来源。

  A．只可以是数据库表   B．只可以是视图

  C．只可以是自由表   D．可以是自由表或数据库表或视图

【答案】 D

【解析】 Visual FoxPro 中可以作为查询来源的可以是自由表，可以是数据库表，也可以是视图。

15．不能产生磁盘文件操作的是（ ）。

  A．CREATE TABLE   B．CREATE VIEW

  C．CREATE QUERY   D．CREATE DATABASE

【答案】 B

【解析】 命令 CREATE TABLE 建立扩展名为.dbf 的表文件，命令 CREATE QUERY 建立扩展名为.qpr 的查询文件，命令 CREATE DATABASE 建立扩展名为.dbc 的数据库文件，而命令 CREATE VIEW 建立的是一个视图，它不是一个独立的磁盘文件，而是存储于数据库中的虚拟表。

二、填空题解析

1．主名为 CX 的查询文件，其扩展名为_____，其中保存的是查询的_____，运行这个查询的命令为_____，得到查询的_____。

【答案】 .qpr；命令；DO CX.qpr；结果

【解析】 查询文件的扩展名为.qpr，其中保存的是实现查询的 SQL 命令，而非查询的结果，当使用 DO CX.qpr 运行这个查询文件时，方能得到查询的结果。

2．在 Visual FoxPro 中，使用_____命令创建查询，使用_____命令创建视图，创建视图前需要事先打开_____。

【答案】 CREATE QUERY；CREATE VIEW；数据库

【解析】 在 Visual FoxPro 中，创建查询的命令是 CREATE QUERY，创建视图的命令是 CREATE VIEW，由于视图是建筑在数据库基础之上的，因此创建视图前需要事先打开数据库，否则将无法创建。

3．执行_____命令可以打开【查询设计器】创建查询。

【答案】 CREATE QUERY

【解析】 在 Visual FoxPro 中，打开【查询设计器】的命令是 CREATE QUERY。

4．执行查询的命令是_____。

【答案】 DO

【解析】 本题考查的知识点是执行查询命令的应用。在 Visual FoxPro 中，执行查询的命令是 DO。

5．在【查询设计器】中，用于指定查询条件的选项卡是_____，与 SQL SELECT 语句中的_____相对应。

【答案】 筛选；WHERE

【解析】 在【查询设计器】中，用于指定查询条件的选项卡是【筛选】选项卡，它与 SQL-SELECT 中的 WHERE 语句相对应。

6.2 练 习 题 库

一、选择题

1．如果要使创建的查询按降序排列，应在（　　）选项卡中操作。

　　A．筛选　　　　　　B．联接　　　　　　C．字段　　　　　　D．排序依据

2．在【查询设计器】中，系统默认的查询结果的输出去向是（　　）。

　　A．报表　　　　　　　　　　　B．临时表

　　C．浏览　　　　　　　　　　　D．图形

3．【查询设计器】中的【杂项】选项卡用于（　　）。

　　A．指定要查询的数据

　　B．指定是否要重复记录及列在前面的记录等

　　C．指定查询条件

　　D．编辑联接条件

4．建立查询 ChaX.qpr 的命令是（　　）。

　　A．CREATE QUERY ChaX　　　　　　B．DO ChaX

　　C．OPEN ChaX　　　　　　　　　　B．MODIFY ChaX

5．两个表之间建立物理连接可以在【查询设计器】的查询去向中选择（　　）。

　　A．报表　　　　B．表　　　　　　C．浏览　　　　D．图形

6．有关查询与视图，下列说法中错误的是（　　）。

　　A．视图可以更新源表中的数据，存在于数据库中

　　B．查询可以更新源数据，视图也有此功能

　　C．视图具有许多数据库表的特性，利用视图可以创建查询和视图

　　D．查询是只读型数据，而视图可以更新数据源

7．在下列（　　）情况下，视图可被更新。

　　A．行列子集视图

B. 在导出视图的过程中使用了聚合操作

C. 在导出视图的过程中使用了分组操作

D. 从多个基本表中使用联接操作导出的

8. 在【查询设计器】中，可以指定是否重复记录的是（   ）选项卡。

    A. 筛选　　　　　B. 杂项　　　　　C. 联接　　　　　D. 字段

9. 在 Visual FoxPro 的【查询设计器】中【字段】选项卡对应的 SQL 短语是（   ）。

    A. SELECT　　　　　　　　　B. WHERE

    C. FIELDS　　　　　　　　　D. JOIN ON

10. 在【查询设计器】中，【分组依据】选项卡对应（   ）语句。

    A. ORDER BY　　　　　　　　B. WHERE

    C. JOIN ON　　　　　　　　　D. GROUP BY

11. 在 Visual FoxPro 中，执行下列（   ）项可以运行查询。

    A. 在【命令】窗口中输入 DO<查询文件名>命令

    B. 打开【查询设计器】，在空白位置单击鼠标右键，打开快捷菜单，单击【运行查询】命令

    C. 打开【项目管理器】，选定【数据】选项卡的查询项展开，选择要运行的查询，然后单击【运行】

    D. 以上 3 项均可

12.【查询设计器】和【视图设计器】的主要不同表现在于（   ）。

    A.【视图设计器】有【更新条件】选项卡，也有"查询去向"选项

    B.【查询设计器】没有【更新条件】选项卡，有"查询去向"选项

    C.【视图设计器】没有【更新条件】选项卡，有"查询去向"选项

    D.【查询设计器】有【更新条件】选项卡，没有"查询去向"选项

13. 如果在屏幕上直接看到查询结果，"查询去向"应该选择（   ）。

    A. 临时表或屏幕　　　　　　　B. 浏览

    C. 屏幕　　　　　　　　　　　D. 浏览或屏幕

14. 使用菜单操作方法打开一个在当前目录下已经存在的查询文件 mycx.qpr 后，在【命令】窗口生成的命令是（   ）。

    A. CREATE QUERY mycx.qpr　　　　B. MODIFY QUERY mycx.qpr

    C. DO QUERY mycx.qpr　　　　　　D. OPEN QUERY mycx.qpr

15.【视图设计器】中含有的，但【查询设计器】中却没有的选项卡是（   ）。

    A. 分组依据　　　　D. 排序依据　　　　C. 筛选　　　　D. 更新条件

16. 在【添加表和视图】窗口中，【其他】按钮的作用是让用户选择（   ）。

    A. 数据库表　　　　B. 查询　　　　C. 不属数据库的表　　　D. 视图

17.【视图设计器】中比【查询设计器】中多出的选项卡是（   ）。

    A. 联接　　　　　B. 排序依据　　　　C. 字段　　　　D. 更新条件

18. 视图不能单独存在，它必须依赖于（　　　）。

    A. 查询　　　　　　　B. 数据库　　　　C. 数据表　　　D. 视图

19. 默认查询的输出形式是（　　　）。

    A. 报表　　　　　　　B. 图形　　　　　C. 数据表　　　D. 浏览

20. 下列说法中正确的是（　　　）。

    A. 查询是基于表的并且是可更新的数据集合

    B.【视图设计器】建立的视图可以保存为扩展名.vcx 的文件

    C.【查询设计器】实质上是 SQL-SELECT 命令的可视化设计方法

    D. 查询文件中保存的是查询的结果

21. 下列不可以作为查询的输出去向的是（　　　）。

    A. 数组　　　　　　　B. 表单　　　　　C. 临时表　　　D. 自由表

22. 在 Visual FoxPro 的【查询设计器】中【排序依据】选项卡对应的 SQL 短语是（　　　）。

    A. GROUP BY　　　　B. ORDER BY　　C. WHERE　　　D. SELECT

二、填空题

1. 当创建完查询并存盘后将产生一个扩展名为＿＿＿＿＿的文件，它是一个＿＿＿＿＿文件。

2.【查询设计器】中【排序依据】选项卡对应于 SQL 语句中的＿＿＿＿＿短语。

3. 由多个本地数据表创建的视图，应当称为＿＿＿＿＿。

4. 查询＿＿＿＿＿更新数据表中的数据。

5.【查询设计器】中的【连接】选项卡可以控制＿＿＿＿＿选择。

6.【查询设计器】中的【字段】选项卡可以控制＿＿＿＿＿选择。

7. 创建视图时，相应的数据库必须是＿＿＿＿＿状态。

8. 视图和查询都可以对＿＿＿＿＿表进行操作。

9. 可用视图＿＿＿＿＿修改源数据表中数据。

10. 利用【查询设计器】设计查询，可以实现多项功能，【查询设计器】最终实质上生成一条＿＿＿＿＿语句。

11. 在【查询设计器】或【视图设计器】中，设置查询输出或视图中的字段，使用＿＿＿＿＿选项卡；设置记录的条件，使用＿＿＿＿＿选项卡；设置记录顺序，使用＿＿＿＿＿选项卡。

12. 在【查询设计器】或【视图设计器】中，分组条件在＿＿＿＿＿选项卡单击＿＿＿＿＿按钮进行设置。

13. 在【查询设计器】或【视图设计器】中，实现多表查询应设置＿＿＿＿＿条件，这个条件应在＿＿＿＿＿选项卡设置。

14. 在视图中修改数据，并将修改结果发送到视图的基表中，应在【数据库菜单】

中_____选项卡设置关键字段和_____字段，并选择"发送 SQL 更新"复选框。

15．如果改变默认查询的输出去向，应选择查询菜单或【查询设计器】工具栏的_____命令或按钮进行设置。

16．运行查询 CX.qpr，可使用命令_____。

第 7 章　程序设计基础

7.1　试题解析

一、选择题解析

1. 在【命令】窗口中输入（　　）命令，回车(✓)后主屏幕上将显示"学习贵在坚持!"。

    A. ? 学习贵在坚持! ✓　　　　　　　B. ?{ 学习贵在坚持! }✓

    C. ?" 学习贵在坚持! "✓　　　　　　　D. 学习贵在坚持! ✓

【答案】 C

【解析】 在【命令】窗口中输入命令后，直接按 Enter 键即可执行该命令。在 Visual FoxPro 中，字符串的表示方法是用半角单引号、双引号、方括号 3 种定界符将字符串括起来。定界符虽然不作为常量本身的内容，但它规定了常量的类型及常量的起始和终止界限。本题选项 A 中的字符串没有定界符，输入命令后，按 Enter 键，系统将出现一个对话框，提示用户命令中含有不能识别的短语或关键字，所以选项 A 错误；选项 B 中常量的定界符是大括号，大括号是日期型常量的定界符，因此系统会按日期型常量处理，但选项中的日期型常量书写格式错误，输入命令后按 Enter 键，系统将出现一个对话框，提示用户"日期 / 日期时间中包含了非法字符"，所以选项 B 错误；选项 C 是一个字符型常量，定界符是双引号，符合字符串书写格式的规则，输入命令后按 Enter 键，主屏幕上显示"学习贵在坚持!"，所以选项 C 正确；选项 D 中只是变量，输入后按 Enter 键，系统将打开一个对话框，提示该命令是不能识别的命令。

2. 在 Visual FoxPro 的循环程序中，可以立即跳出循环的语句为（　　）。

    A. LOOP　　　　　　　　　　　　B. SNP

    C. GOTO　　　　　　　　　　　　D. EXIT

【答案】 D

【解析】 LOOP 是循环语句中循环体里的命令，作用是提前返回到循环开始处，检查循环条件。SNP 为混淆词。GOTO 是绝对移动指针命令，可以把表的指针直接移动到指定的记录号上。EXIT 也是循环体中的命令，作用是将控制转移到本循环结构结束标志后面的第一条语句上执行，执行循环体外的下一条语句，提前结束循环。所以选 D。

3. 关于"?"和"??"的说法正确的是（　　）。

    A."?"和"??"都只能输出多个同类的表达式的值

    B."?"从当前坐标开始

    C."??"从当前坐标所在行的下一行开始

    D."?"和"??"可以没有输出项

【答案】 D

【解析】 执行"?"和"??"显示命令时，特点如下："?"从当前坐标所在行的下一行起始位置开始显示，"??"则在当前坐标所在行的当前坐标位加固定空格位后继续显示；"?"和"??"可以输出多个表达式的值，输出的表达式的类型可以不同；"?"和"??"可以不带任何输出项，"?"起到换行的作用。

4．设内存变量 X1 为数值型，要从键盘输入数据给 X1 赋值，应使用命令（　　）。

  A．ACCEPT TO X1   B．WAIT TO X1

  C．INPUT TO X1   D．以上都对

【答案】 C

【解析】 在 ACCEPT、WAIT、INPUT 三个命令中，只有 INPUT 命令才可以接收数值数据，其他两个命令都只能接收字符串。因此选 C。

5．在 Visual FoxPro 中，结构化程序设计的 3 种基本逻辑结构是（　　）。

  A．顺序结构、选择结构、循环结构 B．选择结构、分支语句、循环结构

  C．顺序结构、分支语句、选择结构 D．选择结构、嵌套结构、分支语句

【答案】 A

【解析】 在 Visual FoxPro 中，结构化程序设计的 3 种基本结构是顺序结构、选择结构、循环结构。选项 A 中的 3 种结构正确。选项 B 中缺少顺序结构，另外分支语句错误，分支语句支持选择结构，但不是 3 种基本结构之一。选项 C 中缺少循环结构，分支语句错误。选项 D 中嵌套结构和分支语句错误。

6．Visual FoxPro 支持循环结构的语句包括（　　）。

  A．DO WHILE…ENDDO   B．FOR…ENDFOR

  C．SCAN…ENDSCAN   D．以上答案均正确

【答案】 D

【解析】 Visual FoxPro 支持循环结构的语句包括 DO WHILE…ENDDO，FOR…ENDFOR，SCAN…ENDSCAN。因此正确答案为 D。

7．在 Visual FoxPro 中，程序文件的扩展名为（　　）。

  A．.prg   B．.qpr   C．.scx   D．.sct

【答案】 A

【解析】 在 Visual FoxPro 中，程序文件的扩展名为.prg。答案 A 是程序文件的扩展名。选项 B 是生成的查询程序文件的扩展名。选项 C 是表单文件的扩展名。选项 D 是表单备注文件的扩展名。

8．用 Visual FoxPro 表达式表示"x 是小于 200 的非负数"，正确的是（　　）。

  A．0≤x<200   B．0<=x<200

  C．0<=AND x<200   D．0<=OR x<200

【答案】 C

【解析】 选项 A、B 是错误的 Visual FoxPro 表达式，同时根据题意应用逻辑性与 AND 来表示。所以选项 C 是正确的。

9. Visual FoxPro 不支持的数据类型有（　　）。

　　A. 字符型　　　　　B. 货币型　　　　　C. 备注型　　　　　D. 常量型

【答案】 D

【解析】 Visual FoxPro 支持的数据类型有字符型、货币型、浮点型、数值型、日期型、日期时间型、双精度型、整型、逻辑型、备注型、通用型、字符型（二进制）和备注型（二进制）。选项 A、B、C 都正确，选项 D 中的常量型不属于 Visual FoxPro 中的数据类型。

10. 在调试程序时，要查看模块程序中的内存变量的当前取值和类型，则需要在【调试器】窗口中打开的窗口是（　　）。

　　A. 监视窗口　　　B. 跟踪窗口　　　C. 调用输出窗口　　　D. 局部窗口

【答案】 D

【解析】 下面是【调试器】窗口中的几个子窗口的作用：【跟踪】窗口用于显示在调试执行的文件；【监视】窗口用于监视指定表达式在程序调试执行过程中的取值变化情况；【局部】窗口用于显示模块程序中的内存变量，显示它们的名称，当前取值和类型；【调用输出】窗口可以在模块中安置一些 DEBUGOUT 命令，当模块程序执行到此命令时，就计算表达式的值，并将计算结果送到调试输出窗口；【调用堆栈】窗口用于显示当前处于执行状态的程序、过程或方法程序。综上所述，可知正确答案为 D。

11. 在 Visual FoxPro 中，用来建立程序文件的命令是（　　）。

　　A. OPEN COMMAND <文件名>　　　　　B. CREATE COMMAND <文件名>

　　C. MODIFY COMMAND <文件名>　　　　D. 以上答案都不对

【答案】 C

【解析】 在 Visual FoxPro 中，建立程序文件的命令是 MODIFY COMMAND<文件名>。选项 A 和 B 是语法错误。选项 C 是建立程序文件的命令。

12. 在 Visual FoxPro 中，逻辑运算符有（　　）。

　　A. .NOT.（逻辑非）　　　　　　　　B. .AND.（逻辑与）

　　C. .OR.（逻辑或）　　　　　　　　　D. 以上答案均正确

【答案】 D

【解析】 在 Visual FoxPro 中，逻辑运算符有 3 种：.NOT.（逻辑非）、.AND.（逻辑与）和.OR.（逻辑或）。

13. 关系型表达式的运算结果是（　　）。

　　A. 数值型数据　　　　　　　　　　B. 逻辑型数据

　　C. 字符型数据　　　　　　　　　　D. 日期型数据

【答案】 B

【解析】在 Visual FoxPro 中，关系型表达式的作用是比较两个表达式的大小或前后，其结果只有两种情况：逻辑真或逻辑假。关系型表达式的运算结果不可能是数值型数据、字符型数据、日期型数据，而只能是逻辑型数据。因此正确答案为 B。

14．关于过程调用的叙述正确的是（　　　）。

A．被传递的参数是变量参数，则为引用方式

B．被传递的参数是表达式，则为传值方式

C．被传递的参数是常量，则为传值方式

D．按值传递方式形参变量值的改变不会影响实参变量的取值，引用传递方式则刚好相反

【答案】　D

【解析】　调用模块程序参数的格式有两种：

格式1：DO <文件名>　WITH <实参>

格式2：<文件名> (<实参>)

其中，实参可以是常量、变量或一般表达式，模块中参数的传递分为按值传递和引用传递，因此正确答案为 D。

15．下列关于 Visual FoxPro 输入输出指令的说法错误的是（　　　）。

A．INPUT 命令用来从键盘输入数据

B．用 INPUT 命令输入数据时，若不输入任何数据，直接按 Enter 键，则系统会把空字符赋给指定的内存变量

C．ACCEPT 命令只能接收字符串

D．WAIT 命令能暂停程序执行，直到用户按任意键或单击鼠标时继续程序

【答案】　B

【解析】　本题考查的知识点是一些基础知识，答案是 B。

16．执行如下程序，如果输入 N 值为 6，则最后 A，S 的显示结果是（　　　）。

```
SET TALK OFF
A=0
S=1
INPUT "N=" TO N
DO WHILE A<=N
A=A+S
    S=S+1
ENDDO
?A.S
SET TALK ON
```

A．5　　2　　　　B．6　　3　　　　C．10　　5　　　　D．12　　6

【答案】　C

【解析】　在本题中，变量 A 与 S 共执行了 4 次循环，并使程序在第 5 次循环的条件（10<=6）中为假而退出循环。其且前 4 次程序在执行过程中的变量分别为：第 1 次 A 为 1，S 为 2；第 2 次 A 为 3，S 为 3；第 3 次 A 为 6，S 为 4；第 4 次 A 为 10，S 为 5。因此本题的答案应选 C。

17．在 Visual FoxPro 中，用于调用模块程序的命令是（　　　）。

A．FUNCTION　<文件名>

　　B．DO ＜文件名＞|＜过程名＞ WITH ＜实参＞

　　C．PROCEDURE ＜过程名＞

　　D．SET PROCEDURE TO ＜过程文件＞

【答案】　B

【解析】　调用模块之前，首先要确保已打开过程文件。选项 A 为定义函数，C 为定义过程，D 为打开过程文件，因此正确答案为 B。

18．下列关于 DO CASE...ENDCASE 语句说法不正确的是（　　）。

　　A．DO CASE 和 ENDCASE 必须成对出现

　　B．只要 CASE 条件成立，就执行这个 CASE 条件对应的命令序列

　　C．在 DO CASE 和第一个 CASE 间的任何语句都不被执行

　　D．所有的 CASE 条件都不成立且没有 OTHERWISE 语句，则直接跳出本结构，执行 END...CASE 后面的语句

【答案】　B

【解析】　不管有几个 CASE 条件同时成立，只有最先成立的那个 CASE 语句的对应命令序列被执行，其他不被执行。本题中选项 A、C、D 中的叙述都是正确的，只有选项 B 是错误的。因此正确答案为 B。

19．在【命令】窗口中输入下列命令：

```
m="我是   "
n="学生"
?m-n
```

主屏幕上显示的结果是（　　）。

　　A．我是 学生　　　　　B．我是学生　　　　C．m，n　　　　　　　　D．n，m

【答案】　B

【解析】　本题考查的知识点是字符串运算符的使用。题目中"我是"后的空余部分表示空格。在 Visual FoxPro 中，字符串运算符有两个：＋和－。"＋"表示前后两个字符串首尾连接形成一个新的字符串；"－"连接前后两个字符串，并将前后字符串的尾部空格移到合并后的新字符串尾部。本题中输入的命令为字符表达式，字符表达式是由字符串运算符将字符型数据连接起来形成的。题目中已将"我是"赋给 m，将"学生"赋给 n，所以显示结果应该是"我是学生"，因此排除选项 C 和 D。此外用"－"作为连接符，前一个字符（即 m）尾部的空格应移到合并后的新字符串尾部，因此结果中的空格都应移到字符串的尾部，选项 A 中结果的空格在字符串中间，所以错误，因此正确答案为 B。

20．在程序中用 PRIVATE 语句定义的局部内存变量有以下特性（　　）。

　　A．可以在所有程序中使用

　　B．只能在定义该变量的程序中使用

　　C．只能在定义该变量的程序及其下属子程序中使用

　　D．只能在定义该变量的程序及在该程序中嵌套的程序中与相关数据库一起使用

【答案】　C

【解析】 局部变量只能在定义或生成它的程序及其下级子程序中使用，一旦返回到上一级程序，局部变量便被释放。既然在程序中定义的变量被默认为局部变量，另加 PRIVATE 的原因在于可以屏蔽同名的上级变量或全局变量。因此正确答案为 C。

21．有如下程序：

```
*主程序:PROG1.PRG
SET TALK OFF
A1="11"
?A1
DO SUB1
?K1
RETURN

PROCEDURE SUB1
A1=A1+"222"
RETURN
```

用命令 **DO PROG1** 执行程序后，屏幕显示的结果为（   ）．

A．11   B．11   C．11   D．11
   11   11222   233   222

【答案】 B

【解析】 子程序的 A1=A1+"222"是字符串操作，改变后的值将带回调用程序，因此正确答案为 B。

22．程序如下：

```
SET TALK OFF
STORE 2 TO S,K
DO WHILE S<14
  S=S+K
  K=K+2
ENDDO
?S,K
SET TALK ON
RETURN
```

此程序运行后的输出结果是（   ）。

A．22   10   B．22   8   C．14   8   D．14   10

【答案】 C

【解析】 循环第一次 S=4，K=4；第二次 S=8，K=6；第三次 S=14，K=8 后终止循环，因此正确答案为 C。

二、填空题解析

1．在关系运算符中，运算符_____和_____仅适用于字符型数据。

【答案】 ==；$

【解析】 Visual FoxPro 规定，运算符"= ="和"$"仅适用于字符型数据。

2．执行 FOR…ENDFOR 语句时，若步长为＿＿＿＿＿＿值，则循环条件为(循环变量)<=(终值)；若步长为＿＿＿＿＿＿值，则循环条件为(循环变量)>=(终值)。

【答案】 正；负

【解析】 由于执行该语句时，若循环条件成立，则执行循环体，然后循环体变量增加一个步长值，并再次判断循环条件是否成立，以确定是否再次执行循环体。若步长为正值，则循环体变量递增，循环条件为(循环变量)<=(终值)；若步长为负值，则循环变量递增，循环条件为(循环变量)>=(终值)。

3．Visual FoxPro 的程序设计方式有＿＿＿＿＿＿和＿＿＿＿＿＿两种。

【答案】 面向过程；面向对象

【解析】 Visual FoxPro 不仅支持面向过程的程序设计，而且支持面向对象的程序设计。

4．程序是＿＿＿＿＿＿。

【答案】 能够完成一定任务的命令的有序集合

【解析】 在 Visual FoxPro 中，程序是能够完成一定任务的命令的有序集合。

5．为了调用过程文件中的过程，需要用＿＿＿＿＿＿命令打开过程文件。

【答案】 SET PROCEDURE TO 过程文件名

【解析】 过程文件中包括多个过程，所以在调用过程文件前，必须使用命令打开过程文件后，才能调用其中的过程。打开过程文件的语句为：SET PROCEDURE TO 过程文件名。

6．连编后可以脱离开 Visual FoxPro 独立运行的程序是＿＿＿＿＿＿。

【答案】 .exe 程序

【解析】 当准备好连编时，可以选择连编为可执行文件(.exe)或连编为应用程序(.app)。其中可执行文件(.exe)可以脱离 Visual FoxPro 独立运行。

7．Visual FoxPro 可以使用＿＿＿＿＿＿对话框或＿＿＿＿＿＿命令进行附加的配置设定。

【答案】 选项；SET

【解析】本题考查的知识点是使用不同的方法配置 Visual FoxPro 的工作环境。Visual FoxPro 可以使用【选项】对话框或 SET 命令进行附加的配置设定。

8．在程序中没有通过 PUBLIC 和 LOCAL 命令事件声明，而由系统自动隐含建立的变量都是＿＿＿＿＿＿变量。

【答案】 私有

【解析】 在 Visual FoxPro 中，系统默认的变量都是私有变量。

9．系统变量是 Visual FoxPro 提供的系统内存变量，系统变量名以＿＿＿＿＿＿开头。

【答案】 下划线

【解析】 系统变量是 Visual FoxPro 提供的系统内存变量，这些变量的名称是系统已经定义好的，都是以下划线"_"开头。

10. 关系表达式也称为_____，它由_____运算符将两个运算对象连接起来形成。

【答案】 简单逻辑表达式；关系

【解析】 关系表达式也称为简单逻辑表达式，它由关系运算符将两个运算对象连接起来形成。

7.2 练 习 题 库

一、选择题

1. Visual FoxPro 系统的循环语句包括 （   ）。
   A. DO WHILE 语句　　　　　　　B. FOR…NEXT 语句
   C. SCAN 语句　　　　　　　　　D. 以上所有语句

2. 在 Visual FoxPro 中，说明公共变量的命令是（   ）。
   A. PUBLIC　　　B. LOCAL　　　C. LOBAL　　D. ALL

3. 结构化程序设计的 3 种基本逻辑结构是（   ）。
   A. 顺序结构、递归结构和循环结构
   B. 顺序结构、选择结构和循环结构
   C. 选择结构、循环结构和模块结构
   D. 选择结构、循环结构和嵌套结构

4. 在 Visual FoxPro 中，包括（   ）程序结构。
   A. 循环结构　　　　　　　　　　B. 选择结构
   C. 顺序结构　　　　　　　　　　D. 以上答案均正确

5. 调用子程序时用（   ）语句。
   A. DO WHILE　　　　　　　　　B. DO CASE
   C. DO　　　　　　　　　　　　D. EDIT

6. 在 Visual FoxPro 中，用于建立或修改过程文件的命令是（   ）。
   A. MODIFY PROCEDURE<文件名>　B. MODIFY COMMAND<文件名>
   C. MODIFY<文件名>　　　　　　D. B 和 C 都对

7. 使用命令 DECLARE mm(2，3)定义的数组，包含的数组元素（下标变量）的个数为（   ）。
   A. 5 个　　　　B. 2 个　　　　C. 3 个　　　　D. 6 个

8. 清除主窗口屏幕的命令是（   ）。
   A. CLEAR　　　　　　　　　　　B. CLEAR WINDOWS
   C. CLEAR SCREEN　　　　　　　D. CLEAR ALL

9. 在下面的 Visual FoxPro 表达式中，错误的是（   ）。
   A. {^2005-06-01}+[1000]

    B. {^2005-06-01}-DATE( )

    C. {^2005-06-01}-DATE( )

    D. {^2005-06-01 10:10:10 AM}-10

10. 用 MODIFY COMM 命令建立命令文件的缺省扩展名是 （　　　）。

    A. .frm   B. .prg   C. .txt   D. .bak

11. 将内存变量定义为全局变量的 Visual FoxPro 命令是（　　　）。

    A. GLOBAL   B. PRIVATE   C. PUBLIC   D. LOCAL

12. 保存程序文件的快捷键为（　　　）。

    A. Ctrl+W   B. Shift+W   C. Ctrl+S   D. Shift+S

13. 下列命令中,不能结束程序运行的是（　　　）。

    A. RETURN   B. QUIT   C. USE   D. CANCEL

14. 要连编程序，必须通过（　　　）。

    A. 数据库设计器   B. 项目管理器

    C. 应用程序生成器   D. 程序编辑器

15. 下列命令中，只能输入数值型数据的命令是 （　　　）。

    A. ACCEPT   B. WAIT   C. INPUT   D. @…SAY

16. 通过连编可以生成多种类型的文件，但是却不能生成（　　　）。

    A. .prg 文件   B. .exe 文件   C. .dll 文件   D. .app 文件

17. 能放在可执行命令末尾的注释命令是（　　　）。

    A. REM   B. &&   C. NOTE   D. *

18. 有关 SCAN 循环结构，叙述正确的是（　　　）。

    A. SCAN 循环结构，如果省略了<scope>子句、FOR<expll>和 WHILE<expl2>条件子句，则直接退出循环

    B. 在使用 SCAN 循环结构时，必须打开某一个数据库

    C. SCAN 循环结构的循环体中必须写有 SKIP 语句

    D. SCAN 循环结构中的 LOOP 语句，可将程序流程直接指向循环开始语句 SCAN，首先判断 EOF 函数的真假

19. 在 Visual FoxPro 中，关于过程调用的叙述正确的是（　　　）。

    A. 当实参的个数少于形参的个数时，多余的形参取逻辑假

    B. 当实参的个数多于形参的个数时，多余的实参被忽略

    C. 实参与形参的数量必须相等

    D. A 和 B 都正确

20. 以下关于过程的叙述中，（　　　）是正确的。

    A. 过程必须以单独的文件保存

    B. 过程只能放在另一个程序文件的后面

    C. 过程只能放在过程文件中

    D. 过程既可以单独保存，也可以放在程序文件的后面，还可以放在过程文件中

21．在 Visual FoxPro 中，INPUT 命令用来（　　）。

    A．暂停执行程序，将键盘输入的数据送入指定的内存变量后再继续执行

    B．暂停执行程序，将键盘输入的字符串送入指定内存变量后继续执行

    C．结束当前程序的执行，返回调用它的上一级程序

    D．以上答案都错误

22．编写过程时，第一条语句是（　　）。

    A．PRIVATE   B．PROCEDURE   C．PUBLIC   D．PARAMETERS

23．命令 CLEAR 功能是（　　）。

    A．清除当前文件内容   B．关闭数据库

    C．清除屏幕   D．清除内存

24．下列（　　）命令不是交互式数据输入命令。

    A．ACCEPT   B．STORE   C．INPUT   D．WAIT

25．下列（　　）命令终止程序的执行，系统返回到【命令】窗口状态。

    A．RETURN   B．CANCEL   C．CLEAR   D．QUIT

26．在【命令】窗口中输入下列命令：

```
STORE 6*5 TO X
?X
```

主屏幕上显示的结果是（　　）。

    A．6   B．5   C．X   D．30

27．TEXT…ENDTEXT 是文本（　　）命令。

    A．输入   B．输出   C．显示   D．执行

28．命令 SET DEFAULT TO <（　　）>。

    A．驱动器:目录\文件名   B．驱动器:目录

    C．条件   D．范围

29．对于分支结构

```
IF<条件>
    <语句序列1>
ELSE
    <语句序列2>
ENDIF
```

如<条件>逻辑值为真，则执行（　　）。

    A．ENDIF 后的语句

    B．语句序列 1，然后执行 ELSE 后的语句

    C．语句序列 2

    D．语句序列 1，然后执行 ENDIF 后的语句

30．在 DO CASE 语句中，假如同时有多个 CASE 的条件为真时，（　　）。

    A．所有 CASE 下的语句序列都执行

B. 条件为真的 CASE 下的语句序列将按顺序都被执行

C. 只有第一个条件为真的 CASE 下的语句序列被执行

D. OTHERWISE 后的语句序列被执行

31. 在"当"型循环结构中若有选项（　　），则不执行后面的语句，直接返回循环起始语句继续执行。

    A. EXIT　　　　　　B. RETURN　　　C. OTHERWISE　　　D. LOOP

32. 运行下面程序：

```
INPUT "请输入x的值: " TO X
INPUT "请输入y的值: " TO Y
INPUT "请输入z的值: " TO Z
IF MAX(X,Y,Z)>Z
?MAX(X,Y)
ELSE
IF MIN(X,Y)<Z
  ?Z
ELSE
   ?MIN(X,Y)
ENDIF
ENDIF
```

当在屏幕上分别输入 10，20，30 时，显示结果为　（　　）。

    A. 10　　　　　　B. 20　　　　　　C. 30　　　　D. 10　20　30

33. 在【命令】窗口中输入 DEBUG 命令的结果是（　　）。

    A. 打开【调试器】窗口　　　　　B. 打开【跟踪】窗口

    C. 打开【局部】窗口　　　　　　D. 打开【监视】窗口

34. CLEAR MEMORY 命令的功能是（　　）。

    A. 清除整个屏幕　　　　　　　　B. 清除内存中的所有信息

    C. 清除所有内存变量　　　　　　D. 清除所有变量

35. 在 Visual FoxPro 中，程序文件的默认扩展名为（　　）。

    A. .pgr　　　　B. .prg　　　　C. .cdx　　　　D. .dcx

36. 在下面的 DO 循环中，一共要循环（　　）次。

```
M=5
N=1
DO WHILE N<=M
  N=N+1
ENDDO
```

    A. 1　　　　　B. 6　　　　C. 4　　　　D. 5

37. 下列程序段的输出结果是（　　）。

```
CLEAR
```

```
STORE  10  TO  A
STORE  20  TO  B
SET UDFPARMS TO REFERENCE
DO SWAP  WITH  A,(B)
?A,B

PROCEDURE  SWAP
   PARAMETERS X1,X2
   TEMP=X1
   X1=X2
   X2=TEMP
ENDPROC
```

    A. 10　20　　　B. 20　20　　　C. 20　10　　　D. 10　10

38. 在 Visual FoxPro 中，执行程序文件的命令是（　　）。

    A. DO<文件名>　　　　　　　　B. OPEN<文件名>

    C. MODIFY<文件名>　　　　　　D. 以上答案都不对

39. 在 Visual FoxPro 中，用来建立程序文件的命令是（　　）。

    A. OPEN COMMAND<文件名>　　　B. MODIFY<文件名>

    C. MODIFY COMMAND<文件名>　　D. 以上答案都不对

40. 有关 FOR 循环结构，叙述正确的是（　　）。

    A. 对于 FOR 循环结构，循环的次数是未知的

    B. FOR 循环结构中，可以使用 EXIT 语句，但不能使用 LOOP 语句

    C. FOR 循环结构中，不能人为地修改循环控制变量，否则会导致循环次数出错

    D. FOR 循环结构中，可以使用 LOOP 语句，但不能使用 EXIT 语句

41. 有关参数传递叙述正确的是（　　）。

    A. 接收参数语句 PARAMETERS 可以写在程序中的任意位置

    B. 通常发送参数语句 DO WITH 和接收参数语句 PARAMETERS 不必搭配成
       对，可以单独使用

    C. 发送参数和接收参数排列顺序和数据类型必须一一对应

    D. 发送参数和接收参数的名字必须相同

42. 执行下面的语句后，数组 A 与 B 的元素个数分别为（　　）。

```
DIMENSION A（6），B(4, 5)
```

    A. 6　20　　　B. 6　9　　　C. 7　21　　　D. 6　5

43. 下面（　　）调用不能嵌套。

    A. 子程序　　　B. 过程　　　C. 自定义函数　　　D. 无

44. 以下程序的运行结果为（　　）。

```
SET TALK OFF
M=0
N=0
DO WHILE M<500
```

```
        M=M+1
        IF INT(M/2)=M/2
            LOOP
        ELSE
            N=N+M
        ENDIF
    ENDDO
    ?"N=",N
    RETURN
```

　　A．N=500　　　　B．N=11500　　　　C．N=52090　　　D．N=62500

45．有关参数传递叙述正确的是（　　）。

　　A．在子程序中如果被传递的参数是数组元素，则为引用传递

　　B．在子程序中如果被传递的参数是内存变量，则为值传递

　　C．在子程序中如果被传递的参数是常量，则为引用传递

　　D．值传递，参数在子程序中的变化不会传递到调用它的主程序变量中，引用传递与其相反

46．设有一个名为"职工"的表文件，包含以下字段：姓名（C，8）、职务（C，10）、工资（N，6，2）、出生日期（D，8）和正式工（L，1）。阅读以下程序：

```
USE 职工
DO WHILE .NOT. EOF()
    IF 职务="工程师" .AND. 出生日期>{10/20/70}
        D=出生日期
        NAME=姓名
        SALARY=工资
        EXIT
    ENDIF
    SKIP
ENDDO
Y=YER(DATE())-YEAR(D)
IF .NOT. EOF()
    ?NAME, Y, SALARY
ELSE
    ?"没查到!"
ENDIF
USE
RETURN
```

该程序的功能是（　　）。

　　A．显示一位 1970 年 10 月 20 日后出生的工程师姓名、年龄及工资

　　B．显示一位 1970 年 10 月 20 日后出生的工程师姓名、年龄

　　C．显示 1970 年 10 月 20 日后出生的工程师姓名、年龄

　　D．显示所有 1970 年 10 月 20 日后出生的工程师姓名、年龄

47. 设数据库表"成绩"有：姓名（C，6）、笔试（N，3）、上机（N，3）等字段，则执行下列命令：

```
USE 成绩
LIST
INDEX ON 上机+笔试 TO SJ
GO TOP
? RECNO
```

记录号#	姓名	笔试	上机
1	张三	76	62
2	李四	62	53
3	王五	71	74
4	赵六	45	85

显示的记录号是（　　）。

    A．1   B．2   C．3   D．4

二、填空题

1. 可以在【项目管理器】的_____选项卡下建立命令文件（程序）。

2. 在 Visual FoxPro 中，局部内存变量使用_____命令定义。

3. 保存程序文件可用快捷键_____。

4. 编辑 PROG1 程序，在【命令】窗口中输入_____命令。

5. 调用存放在过程文件中的过程，必须先用_____命令打开过程文件，再用_____命令来调用。

6. 程序是_____。它被存放在称为_____或_____的文本文件中。

7. 在 Visual FoxPro 中，分支语句可以实现_____，它可以根据_____从多组代码中选择一组执行。

8. 下列程序的功能是：计算三角形（高为 H、底为 A）的面积，将其补充完整。

```
 * 主程序M．PRG
MJ=0
INPUT"请输入三角形的高："TO H
INPUT"请输入三角形的底：" TO A
DO SS WITH MJ,H,A
   ? "三角形的面积为：",MJ
   CANCEL
    * 子程序SS．PRG
   PARAMETERS_____
   Y=X1 * X2 / 2
RETURN
```

9. 已有职工登记库 ZGDJ.dbf，记录如下：

RECORD#	XM	XB	ZC	JBGZ	HF
1	王非	女	助教	1500	.T.
2	刘华	男	工程师	2500	.F.
3	周发	男	教授	3000	.T.
4	李丽	女	讲师	2200	.F.

现有一程序用于计算基本工资的最大值，在横线处填上内容使其完整。

```
USE ZGDJ
MAX=JBGZ
N=RECCOUNT（）
FOR I=2 TO N
GOTO I
IF MAX<JBGZ
_____
ENDIF
ENDFOR
?"MAX；"，MAX
CANCEL
```

10. 下列程序段的功能是接收从键盘输入的 Y 或 y 字符才退出循环，将其补充完整。

```
DO WHILE. T.
    WAIT "输入Y／N" TO YN
    IF UPPER（YN）="Y"
    EXIT
    ELSE
    _____
    ENDIF
ENDDO
```

11. 下列程序段的功能是打开某自由表，表名从键盘输入，显示该表的前 2 条记录，等待 3s 后再显示所有记录，将其补充完整。

```
ACCEPT "输入自由表文件名" TO BM
USE &BM
_____
WAIT "" TIMEOUT 3
GO BOTTOM
_____
USE
CANCEL
```

12. 下列程序段的功能是根据用户输入的姓名，在 XSDA.dbf 中查找有无该记录。若有，则显示该记录，并由用户决定是否把该记录物理删除；若无，则显示"查无此人！"。最后由用户决定是否继续查找其他人，将其补充完整。

```
USE XSDA
DO WHILE. T.
    ACCEPT"请输入姓名："TO XM
```

```
    IF  EOF（）
        ?［查无此人！］
    ELSE
        DISPLAY
        WAIT"是否删除（Y／N）?"TO  ANS
        IF  UPPER（ANS）="Y"
        ENDIF
    ENDIF
    WAIT "是否继续（Y／N）?"TO  K
    IF UPPER（K）="Y"
        _____
    ELSE
        _____
    ENDIF
ENDDO
PACK
USE
CANCEL
```

三、读程序，写结果

1. 下面的程序运行结果是_____。

```
SET TALK OFF
X=0
FOR I=1 TO 4
  X=X+1
ENDFOR
?X
SET TALK ON
RETURN
```

2. 下面的程序运行结果是_____。

```
SET  TALK  OFF
STORE  10  TO X,Y
DO WHILE X>0
  X=X-INT(Y/2)
  Y=Y-1
ENDDO
?X,Y
SET TALK ON
RETURN
```

3. 下面的程序运行结果是_____。

```
SET  TALK  OFF
S=0
FOR  I=1 TO 10
  IF  I/3=INT(I/3)
```

```
        S=S+I
    ENDIF
ENDFOR
?S
SET TALK ON
RETURN
```

4. 下述程序运行时，假设输入 100110，试写出输出结果并回答程序的功能。

```
S=0
ACCEPT "请输入一个二进制数" TO N
L=LEN(N)
FOR I=1 TO L
    S=S+VAL(SUBSTR(N,I,1)) * 2 * * (L-I)
ENDFOR
?STR(S)
CANCEL
```

5. 下述程序运行时，假设输入 38，输出结果为_____。

```
INPUT "Enter a decimal number: " TO N
BIN=""
DO WHILE N>0
R=MOD(N,2)
BIN=STR(R,1)+BIN
N=INT(N/2)
ENDDO
?BIN
CANCEL
```

6. 下述程序运行后，屏幕将显示_____。

```
STORE 0 TO M,N
DO WHILE .T.
    N=N+2
    DO CASE
        CASE INT(N/3) * 3=N
            LOOP
        CASE N>10
            EXIT
        OTHERWISE
            M=M+N
    ENDCASE
ENDDO
? [M=],M,[N=],N
CANCEL
```

7. 运行程序 EXER24.prg 后，结果为_____。

```
* EXER24.PRG              * SUB.PRG
PUBLIC X,Y               X=X+100
STORE 0 TO X,Y           PRIVATE Y
```

```
A=10                    Y=101
DO  SUB                 A=A+Y
? X, Y, A               RETURN
CANCEL                  ENDPROC
```

8. 运行如下主程序 EXER25.prg 后，结果为_____。

```
* EXER25.PRG              * SUB.PRG
SET TALK OFF              PARA A1, A2, A3
A=3                       A1=A1/3
B=5                       A2=A2+5
DO SUB WITH（A）, B, A+3   A3=A3*SQRT（4）
?A, B                     RETURN
CANCEL
```

9. 下面的程序运行结果是_____。

```
SET TALK OFF
CLEAR
DIMENSION  M(2,3)
STORE 1  TO I,K
DO WHILE  I<=2
    J=1
    DO WHILE  J<=3
        M(I,J)=K
        ??M(I,J)
        K=K+3
        J=J+I
    ENDDO
    I=I+1
ENDDO
SET TALK ON
RETURN
```

10. 运行如下主程序 MAIN 后，结果为_____。

```
*主程序MAIN              *子程序SUB
SET TALK OFF            PRIVATE A1
PUBLIC A1               PUBLIC A2
X=1                     X=10
Y=2                     Y=20
A1=40                   A1=33
DO SUB                  A2=22
? A1, A2, X, Y          ? A1, A2, X, Y
SET TALK ON             RETURN
RETURN
```

四、编程题

1. 从键盘输入一个自然数，并判断是偶数还是奇数。

2．从键盘输入一个字符串，统计其中有多少个英文字母。

3．编程求 3～100 以内的素数之和。

4．编写一个密码校对程序：密码为字符串"123456"，用户从键盘上输入密码，如果输入的密码正确，则显示"身份确认，欢迎使用本系统"；如果输入的密码不正确，则显示"请重新输入密码"。只给用户 3 次机会，若用户连续 3 次输入的密码不正确，则显示"本系统拒绝你进入！"

5．编写程序打印如下杨辉三角形（打印 8 行，每个数的宽度为 5）。

```
1
1    1
1    2    1
1    3    3    1
1    4    6    4    1
1    5    10   10   5    1
1    6    15   20   15   6    1
1    7    21   35   35   21   7    1
```

第8章 表单的设计与使用

8.1 试 题 分 析

一、选择题解析

1. 对于表单及控件的绝大多数属性，其数据类型通常是固定的，如 Caption 属性接收（　　）。

    A．数值型数据   B．字符型数据

    C．逻辑型数据   D．任意数据类型

【答案】B

【解析】因为 Caption 属性只能接收字符型数据，故正确答案为 B。

2. 在 Visual FoxPro 中，表单是（　　）。

    A．窗口界面   B．一个表中各个记录的清单

    C．数据库中各个表的清单   D．数据库查询的列表

【答案】 A

【解析】 在 Visual FoxPro 中表单实际是一个窗口界面。在 Visual FoxPro 中各种对话框、向导、设计器等窗口统称为表单。选项 B 错误，一个表中的各个记录的清单不能算是表单。选项 C 错误，数据库中的表就是表，与表单不同。选项 D 数据库查询的列表也不能算是表单。

3. 如果要引用一个控件对方所在的直接容器对象，可以使用下列（　　）属性。

    A．THIS   B．THISFORM

    C．PARENT   D．以上均可

【答案】 C

【解析】 引用对象时 THIS 表示引用当前对象，THISFORM 表示引用当前表单，PARENT 表示引用包含它的容器。

4. 数据环境泛指定义表单或表单集时使用的（　　），包括表、视图和关系。

    A．数据   B．数据库   C．数据源   D．数据项

【答案】 C

【解析】 在 Visual FoxPro 中，数据环境是一个对象，泛指定义表单或表单集时使用的数据源，包括表、视图和关系。选项 A 明显错误，因为数据环境不是指数据。选项 B 错误，因为数据源与数据库不同，数据源是指包括多个表的数据库，如果数据库中没有表则不能称之为数据源。选项 C 正确，因为 Visual FoxPro 中对数据环境的定义是：数据环境泛指定义表单或表单集时使用的数据源。选项 D 中数据项的说法错误。

5. 有关控件对象的 Click 事件的正确叙述是（　　）。

A．用鼠标双击对象时引发　　　　　B．用鼠标单击对象时引发
C．用鼠标右键单击对象时引发　　　D．用鼠标右键双击对象时引发

【答案】 B

【解析】 Click 事件是用鼠标单击对象时引发的事件，Dblclick 事件是用鼠标双击对象时引发的事件，RightClick 事件在控制上按下并释放鼠标右键时引发的事件。

6．面向对象的程序设计简称 OOP。下面关于 OOP 的叙述，错误的一项是（　　　）。

A．OOP 以对象及其数据结构为中心
B．OOP 工作的中心是程序代码的编写
C．OOP 用"方法"表现处理事件的过程
D．OOP 用"对象"表现事物，用"类"表示对象的抽象性

【答案】 B

【解析】 在 Visual FoxPro 中，面向对象程序设计以对象及其数据结构为中心，而不是以过程和操作为中心。在设计中，用"对象"表现事物，用"类"表示对象的抽象性，用"方法"表现处理事物的过程。选项 A、C、D 都正确，只有选项 B 错误，因为 OOP 的工作重心不是编写程序代码，而是考查如何引用类、如何创建对象及如何利用对象简化程序设计等。

7．在【选项】对话框的【表单】选项卡中，可以设置（　　　）。

A．显示网格线　　　　　　B．显示状态栏
C．显示时钟　　　　　　　D．显示计时器事件

【答案】 A

【解析】 本题选项选 A，因为通过【表单】选项卡可以设置是否显示网格线、是否显示对齐格线、水平间距的大小、垂直间距的大小及度量单位等属性；选项 B、C 显示状态和时钟是在【显示】选项卡中设置；选项 D 需要在【调试】选项卡中设置。

8．对于文本框控件来说，指定在一个文本框中如何输入和显示数据的属性的是（　　　）。

A．ControlSource　　　　　B．PasswordChar
C．Input Mask　　　　　　D．Value

【答案】 C

【解析】 一般情况下，可以利用 Control Source 属性为文本框指定一个字段或内存变量。PassWordChar 属性指定文本框控件内是显示用户输入的字符还是显示占位符；指定用作占位符的字符。Value 属性返回文本框当前内容。所以不选 A、B、D 项，而 C 项的 InputMask 属性正符合题目要求。

9．下列关于基类的说法错误的是（　　　）。

A．Visual FoxPro 提供的基础类即是基类
B．Visual FoxPro 基类被存放在指定的类库中
C．Visual FoxPro 基类是系统本身内含的
D．可以基于类生成所需要的对象，也可以扩展基类创建自己的类

【答案】 B

【解析】 在 Visual FoxPro 中提供的基础类即是基类。基类是系统本身内含的、并不存放在某个类库中。用户可以基于类生成所需的对象，也可以扩展基类创建自己的类。

10．下列文件扩展名中，表示应用程序文件的是（ ）。

    A．.app   B．.sct   C．.scx   D．.tbk

【答案】 A

【解析】 选项 A 中的.app 是应用程序文件的扩展名；选项 B 中的.sct 是表单备注文件的扩展名；选项 C 中的.scx 是表单文件的扩展名；选项 D 中的.tbk 是备注备份文件的扩展名。

11．如果要为控件设置焦点，则控件的 Enabled 属性和（ ）属性必须为.T.。

    A．Buttons   B．Cancel   C．Default   D．Visible

【答案】 D

【解析】 在 Visual FoxPro 中，对象被指定，它就获得了焦点，焦点的标志可以是文本框的光标、命令按钮内的虚线框等。如果要为控件设置焦点，其 Enabled 和 Visible 属性必须为.T.。Enabled 属性决定对象是否可用，Visible 属性决定对象是可见或是隐藏。因此正确答案为 D。

12．下列 4 组控件中，均为容器类的是（ ）。

    A．表单、列、组合框   B．页框、页面、表格

    C．列表框、列、下拉列表框   D．表单、命令按钮组、OLE 控件

【答案】 B

【解析】 容器是指可以容纳其他对象的对象，如命令按钮组、选项按钮组、表单和表单集等。创建容器类的控件有表格、页框、container 容器等控件。组合框、列表框属于输入类控件，OLE 控件属于链接类控件。所以选 B。

13．一般情况下，运行表单时，在产生了表单对象后，将调用表单对象的（ ）方法显示表单。

    A．Release   B．Refresh   C．SetFocus   D．Show

【答案】 D

【解析】 本题中，Release 方法将表单从内存中释放；Refresh 方法重新绘制表单或控件，并刷新它的所有值；SetFocus 方法让控件获得焦点；只有 Show 方法用于显示表单，故正确答案为 D。

14．在 Visual FoxPro 中，组合框分为（ ）和（ ）。

    A．下拉选项框和下拉列表框   B．下拉选项框和下拉组合框

    C．下拉列表框和下拉组合框   D．列表框和下拉组合框

【答案】 C

【解析】 在 Visual FoxPro 中，组合框分为下拉列表框和下拉组合框。选项 A 和 B 中下拉选项框的说法不对。选项 C 说法正确。选项 D 中的列表框错误，列表框不包括在组合框中。

15.（　　）是面向对象程序设计中程序运行的最基本实体。

A．类　　　　　B．对象　　　　　C．方法　　　　　D．函数

【答案】 B

【解析】 在 Visual FoxPro 中，面向对象的程序设计以对象及数据结构为中心。因此对象是面向对象程序设计中程序运行的最基本实体。

16．创建对象时发生（　　）事件。

A．LostFocus　　　　　　　　　B．InteractiveChange

C．Init　　　　　　　　　　　　D．Click

【答案】 C

【解析】 LostFocus 是对象失去焦点时发生的事件，InteractiveChange 事件在使用鼠标或键盘更改控件的值时发生，适用于复选框、组合框、命令组、编辑框、列表框、选项组、微调及文本框，在每次交互更改对象时，都要发生此事件。Init 是创建对象时发生的事件，Click 是单击鼠标左键时发生的事件。

17．在 Visual FoxPro 中，选项组又称为（　　），它是（　　）。

A．选项按钮组，包含选项按钮的一种控件

B．选项按钮组，包含选项按钮的一种按钮

C．选项按钮组，包含选项按钮的一种容器

D．选项按钮组，包含选项按钮的一种按钮组

【答案】 C

【解析】 在 Visual FoxPro 中，选项组又称为选项组按钮，它是包含选项组按钮的一种容器。此类型的题目要求考生熟练掌握各种容器的基本知识。

18．下列对控件类的叙述中，错误的一项是（　　）。

A．可以对控件类对象中的组件单独进行修改或操作

B．控件类一般作为容器类中的控件

C．控件类的封装性比容器更加严密

D．控件类用于进行一种或多种相关的控制

【答案】 A

【解析】 在 Visual FoxPro 中，控件类用于进行一种或多种相关的控件，其封装性比容器类更加严密，但灵活性比容器类差。它的对象必须作为一个整体来访问或处理，不能单独对其中的组件进行修改或操作。控件类一般作为容器类中的控件来处理。选项 B、C、D 的说法都正确，只有选项 A 错误，因为控件类的对象必须作为一个整体来访问或处理，不能单独对其中的组件进行修改或操作。

19．在 Visual FoxPro 中，表单（Form）是指（　　）。

A．数据库中各个表的清单　　　　B．窗口界面

C．数据库查询的列表　　　　　　D．一个表中各个记录的清单

【答案】 B

【解析】 在 Visual FoxPro 中，表单（Form）是 Visual FoxPro 提供的用于建立应用程序界面的工具之一。表单内可以包含命令按钮、文本框、列表框等各种界面元素。

20．对象的（　　）是指对象可以执行的动作或它的行为。

A．方法　　　　　B．属性　　　　　C．事件　　　　　D．控件

【答案】 A

【解析】 在 Visual FoxPro 中，每个对象都有自己的属性和方法，也都可以对一个被称为事件的动作进行识别和响应。对象的属性一般用各种类型的数据来表示。对象的方法是指对象可以执行的动作或它的行为。掌握这些知识，便很容易选择。选项 A 正确。

21．Visual FoxPro 中的类分为（　　）。

A．容器类和控件类　　　　　　B．容器和控件

C．表单和表格　　　　　　　　D．基础类和基类

【答案】 A

【解析】 Visual FoxPro 中的类有两种：容器类和控件类。选项 A 正确。选项 B 错误，因为容器和控件不能算是类，容器类生成容器，控件类生成控件。选项 C 中的"表单和表格"不是类。选项 D 中的分类错误，基础类即是基类。

22．【表单设计器】启动后，Visual FoxPro 主窗口上将出现（　　）。

A．【表单设计器】和【属性】窗口　　B．表单控件和表单设计工具栏

C．表单菜单　　　　　　　　　　　　D．以上答案均正确

【答案】 D

【解析】 在 Visual FoxPro 中，打开【表单设计器】后，窗口中将同时出现【表单设计器】和【属性】窗口、【表单控件】和【表单设计器】工具栏、【表单】菜单，因此正确答案为 D。

23．Init 事件由（　　）时引发。

A．对象从内存中释放　　　　　B．事件代码出现错误

C．对象生成　　　　　　　　　　D．方法代码出现错误

【答案】 C

【解析】 Init 事件在对象生成时引发。选项 A 错误，因为 Destroy 事件是由从内存中释放对象时引发。选项 B 和 D 错误，因为 Error 事件是由事件或方法代码出错时引发。

24．下列在【表单设计器】中调用表单生成器的方法错误的是（　　）。

A．单击【表单】|【快速表单】菜单命令

B．单击【表单设计器】工具栏上的【表单生成器】按钮

C．在【表单设计器】窗口上单击鼠标右键，在显示的快捷菜单中选择【生成器】命令

D．单击【表单】|【表单生成器】菜单命令

【答案】 D

【解析】 在 Visual FoxPro 中，可以通过多种方法打开【表单生成器】：选择菜单【表单】|【快速表单】命令；单击【表单设计器】工具栏上的【表单生成器】按钮；③在

【表单设计器】窗口上单击鼠标右键，在显示的快捷菜单中选择【生成器】命令。选项A、B、C操作方法都正确，只有选项D错误，因为菜单【表单】中没有【表单生成器】命令。

25．在容器对象的嵌套层次中，事件的处理遵循独立性原则，即（　　）。

    A．每个对象识别并处理其他的属性

    B．每个对象识别并处理属于自己的方法

    C．每个对象识别并处理属于自己的事件

    D．每个对象识别并处理其他的事件

【答案】　C

【解析】　在容器对象的嵌套层次中，事件的处理遵循独立性原则，意思是指每个对象识别并处理属于自己的事件。选项A错误，因为对象并不会处理其他的属性。选项B错误，因为对象不是处理方法而是事件。选项D错误，因为事件处理的独立性原则只处理并识别自己的事件，不是其他事件。

26．在Visual FoxPro中，如果一个控件的（　　）和（　　）属性值为.F.，将不能获得焦点。

    A．Enabled Contorl Source   B．Enabled Click

    C．Contorl Source Click   D．Enabled Visible

【答案】　D

【解析】　在Visual FoxPro中，对象被选定，它就获得了焦点，焦点的标志可以是文本框内的光标、命令按钮内的虚线框等。焦点可以通过单击对象获得，可以按"Tab"键切换对象来获得，也可以用代码方式为控件设置焦点。选项A错误，因为ContorlSource属性用来指定字段来自数据环境中的表。选项B错误，因为Click是事件。选项C错误，因为ContorlSource属性用来指定字段来自数据环境中的表，Click是事件。选项D正确，因为Enabled属性决定对象是否可用，Visible属性决定对象是可见或是隐藏。

27．下面关于表单窗口的说法，错误的一项是（　　）。

    A．表单窗口包含在【表单设计器】窗口中

    B．表单窗口可以在主窗口内任意移动

    C．可以在表单窗口中可视化地添加和修改控件

    D．表单窗口只能在【表单设计器】窗口中移动

【答案】　B

【解析】　在Visual FoxPro中，表单窗口是包含在【表单设计器】窗口中的窗口，它只能在【表单设计器】窗口中移动。在表单窗口中可以添加和修改控件。选项A、C、D都正确，只有选项B错误，因为表单窗口只能在【表单设计器】窗口中移动，不可以在主窗口中移动。

28．在Visual FoxPro中，数据环境（　　）。

    A．可以包含与表单有联系的表和视图以及表之间的关系

    B．不可以包含与表单有联系的表和视图以及表之间的关系

C．可以包含与表有联系的视图及表之间的关系

D．可以包含与视图有联系的表及表单之间的关系

【答案】 A

【解析】 在 Visual FoxPro 中，数据环境可以包含与表单有联系的表和视图及表之间的关系。因此选项 B、C、D 错误，正确答案为 A。

29．打开【表单设计器】窗口的命令是（　　）。

    A．CREAT FORM   B．CREAT OBJECT

    C．OPEN FORM   D．OPEN OBJECT

【答案】 A

【解析】 在 Visual FoxPro 中，打开【表单设计器】窗口的命令是 CREAT FORM。选项 B 是打开【表设计器】的命令。选项 C 和 D 语法错误。

30．在 Visual FoxPro 中，当对象方法或事件代码在运行过程中产生错误时将引发（　　）事件。

    A．Load   B．Init   C．Destroy   D．Error

【答案】 D

【解析】 在 Visual FoxPro 中，当对象方法或事件代码在运行过程中产生错误时将引发 Error 事件。选项 A 在表单对象建立之前引发，即运行表单时，先引发表单的 Load 事件，再引发表单的 Init 事件。选项 B 在对象创建时引发。选项 C 在对象释放时引发。选项 D 当对象方法或事件代码在运行过程中产生错误时引发。

31．表单文件的扩展名为（　　）。

    A．.sct   B．.scx   C．.vct   D．.pqr

【答案】 B

【解析】 在 Visual FoxPro 中，表单文件的扩展名为.scx。选项 A 是表单备注文件的扩展名。选项 B 为表单文件的扩展名。选项 C 是可视类库备注文件的扩展名。选项 D 是生成的查询程序文件的扩展名。

32．Click 事件在（　　）时引发。

    A．用鼠标单击对象   B．用鼠标双击对象

    C．表单对象建立之前   D．用鼠标右键单击对象

【答案】 A

【解析】 在 Visual FoxPro 中，当用鼠标单击对象时引发 Click 事件。选项 B 用鼠标双击对象时引发 DblClick 事件。选项 C 表单对象建立之前引发 Unload。选项 D 用鼠标右键单击对象时引发 RightClick。

33．以下叙述与表单数据环境有关，其中正确的是（　　）。

    A．当表单运行时，数据环境中的表处于只读状态，只能显示不能修改

    B．当表单关闭时，不能自动关闭数据环境中的表

    C．当表单运行时，自动打开数据环境中的表

    D．当表单运行时，与数据环境中的表无关

【答案】　C

【解析】　表单运行时数据环境是可以改写的,但表单停止引用数据环境中的数据源,所以 A 是错的。当表单运行时,自动打开数据环境中的表,当表单关闭时,能自动关闭数据环境中的表。正确的答案是 C。

34．用鼠标双击对象时将引发（　　　）事件。

　　A．Click　　　　　B．DblClick　　　　C．RightClick　　　　D．GotFocus

【答案】　B

【解析】　用鼠标双击对象时引发 DblClick 事件。选项 A 中 Click 事件在用鼠标单击对象时引发。选项 C 中 RightClick 事件在用鼠标右键单击对象时引发。选项 D 当对象获得焦点时引发。

二、填空题解析

1．Visual FoxPro 可以创建两种类型界面的应用程序,即单文档界面和多文档界面,英文缩写 MDI 指的是_____。

【答案】　多文档界面

【解析】　SDI 指单文档界面;MDI 指多文档界面。

2．利用【项目管理器】打开【表单设计器】的操作步骤是:打开【项目管理器】,选择_____选项卡,选定"表单",单击【新建】按钮,打开_____对话框,单击【新建表单】按钮,即可打开【表单设计器】。

【答案】　文档;【新建表单】

【解析】　在 Visual FoxPro 中,利用【项目管理器】打开"表单"设计器的操作步骤是:打开【项目管理器】,选择【文档】选项卡,选定"表单",单击【新建】按钮,打开【新建表单】对话框,单击【新建表单】按钮,即可打开【表单设计器】。

3．在表单控件中,输出类控件有_____、_____、_____、_____。

【答案】　标签;图像;线条;形状

【解析】　在 Visual FoxPro 中,根据控件的基本功能,可将控件分为 5 类:输出类控件、输入类控件、控制类控件、容器类控件和连接类控件。其中输出类控件有:标签、图像、线条、形状。

4．将标签控件的 Alignment 属性设置为 0 表示_____;设置为 1 表示_____;设置为 2 表示_____。

【答案】　左对齐;右对齐;居中对齐

【解析】　标签控件的 Alignment 属性的设置值有 3 个:0、1、2。0 表示左对齐,1 表示右对齐,2 表示居中对齐。

5．在表单控件中,输入类控件有_____、_____、_____、_____和_____。

【答案】　文本框;编辑框;列表框;组合框;微调控件

【解析】　输入类控件有:文本框、编辑框、列表框、组合框、微调控件。

6. 每个 Visual FoxPro 基类都有自己的_____、_____和_____。

【答案】 属性；方法；事件

【解析】 在 Visual FoxPro 中，每个基类都有自己的属性、方法和事件。

7. 在表单控件中，控制类控件有_____、_____、_____、_____和_____。

【答案】 命令按钮；命令按钮组；复选框；选项按钮；计时器

【解析】 在 Visual FoxPro 中，控制类控件有：命令按钮、命令按钮组、复选框、选项按钮、计时器。

8. 表单是指_____。

【答案】 Visual FoxPro 提供的用于创建应用程序界面的主要的工具

【解析】 表单是 Visual FoxPro 提供的用于创建应用程序界面的主要的工具。

9. 在表单控件中，容器类控件有_____、_____和_____。

【答案】 表格；页框；OLE 容器

【解析】 本题考查的知识点是表单控件的分类。在 Visual FoxPro 中，容器类控件有：表格、页框和 OLE 容器。

10. 在 Visual FoxPro 环境下，要进行面向对象的程序设计或创建应用程序，必然要用到 Visual FoxPro 系统提供的基础类，即_____。

【答案】 基类

【解析】 本题考查的知识点是 Visual FoxPro 中的基础知识。基础类即基类。

11. 在程序中为了显示已创建的 Myform 表单对象，应当使用的命令是_____。

【答案】 Myform.show

【解析】 在 Visual FoxPro 中，如果要显示已创建的 Myform 表单对象，可以使用命令 Myform.show。

12. 利用_____可以添加、删除及布局控件。

【答案】 表单

【解析】 表单是 Visual FoxPro 中用于创建应用程序界面的工具。在【表单设计器】环境下，可以添加、删除及布局控件。

13. 表单文件的扩展名为_____；表备注文件的扩展名为_____。

【答案】 .scx；.sct

【解析】 在 Visual FoxPro 中，表单文件的扩展名为.scx；表备注文件的扩展名为.sct。

14. 控件是一个_____。

【答案】 可以以图形化的方式显示出来并能与用户进行交互的对象

【解析】 在 Visual FoxPro 中，控件是一个可以以图形化的方式显示出来并能与用户进行交互的对象。

15. 在 Visual FoxPro 中，标签控件的标题文本最多可包含的字符数目是_____个。

【答案】 256

【解析】Visual FoxPro 规定，标签控件的标题文本最多可包含的字符数目是 256 个。

16. 利用_____中的按钮可以对选定的控件进行居中、对齐等操作。

【答案】 布局工具栏

【解析】 对控件进行居中、对齐等操作是在【布局】工具栏上进行的。

17. 在设计代码时，应该用_____属性值而不能用_____属性值来引用对象；在同一作用域内两个对象可以有相同的_____属性值，但不能有相同的_____属性值。

【答案】 Name；Caption；Caption；Name

【解析】 系统规定，在设计代码时，应该用 Name 属性值而不能用 Caption 属性值来引用对象；在同一作用域内两个对象可以有相同的 Caption 属性值，但不能有相同的 Name 属性值。

18. 在【命令】窗口中输入_____命令，即可打开【表单设计器】。

【答案】 CREATE FORM

【解析】 在 Visual FoxPro 中，打开【表单设计器】的命令是 CREATE FORM。

19. 设置标签控件的属性时，当将 Alignment 属性设置为 1 时，表示_____。

【答案】 文本右对齐

【解析】 Alignment 属性用来设置标题文本在控件中显示的对齐方式，控件不同，该属性的设置情况也不同。在标签控件中，Alignment 属性为 0 时，标题文本左对齐；属性值为 1 表示右对齐；属性值为 2 表示中央对齐。默认为左对齐。

20. 编辑框控件与文本框控件的区别是：在编辑框中可以输入或编辑_____文本，而在文本框中只能输入或编辑_____文本。

【答案】 多行；一行

【解析】 在 Visual FoxPro 中，编辑框控件和文本框控件有相似之处也有不同之处，不同之处表现在：编辑框只能输入、编辑字符型数据，包括字符型内存变量、数组元素、字段及备注字段里的内容；文本框中一般包含一行数据，编辑行可以包含多行数据。

21. 标签是_____。

【答案】 用以显示文本的图形控件

【解析】 在 Visual FoxPro 中，标签是用以显示文本的图形控件。

22. 向表单中添加控件的方法是：选定【表单控件】工具栏中某一控件，然后单击_____便可添加一个选定的控件。

【答案】 表单窗口内的某一处

【解析】 在 Visual FoxPro 中，向表单添加控件的方法是：选定【表单控件】工具栏中某一控件，然后单击表单窗口内的某一处便可添加一个选定的控件。

23. 一般情况下，运行表单时，在产生表单对象后，将调用表单对象的_____方法显示表单。

【答案】 Show

【解析】 在 Visual FoxPro 中，Show 方法用来显示表单。该方法可将表单的 Visible 属性设置为.T.，并使表单成为活动对象。

24．如果想在表单上添加多个同类型的控件，则可在选定控件按钮后单击_____按钮，然后在表单的不同位置单击，就可以添加多个同类型的控件。

【答案】 按钮锁定

【解析】 如果想在表单上添加多个同类型的控件，则可在选定控件按钮后单击按钮锁定按钮，然后在表单的不同位置单击，就可以添加多个同类型的控件。

25．要编辑容器中的对象，必须首先激活容器。激活容器的方法是_____。

【答案】 用鼠标右键单击容器，在显示的快捷菜单中选择【编辑】命令

【解析】 在 Visual FoxPro 中，激活容器的方法是：用鼠标右键单击容器，在显示的快捷菜单中选择"编辑"命令。

26．类是对象的集合，它包含了相似的有关对象的特征和行为方法，而_____是类的实例。

【答案】 对象

【解析】 在 Visual FoxPro 中，类和对象并不相同。类是对一类相似对象的性质描述，这些对象具有相同的性质、相同种类的属性及方法。通常将基于某个类生成的对象称为这个类的实例，可以说，任何一个对象都是某个类的一个实例。

27．在表单中添加控件后，除了通过【属性】窗口为其设置各种属性外，也可以通过相应的_____为其设置常用属性。

【答案】 生成器

【解析】 在表单中添加控件后，除了通过【属性】窗口为其设置各种属性外，也可以通过相应的生成器为其设置常用属性。

28．将控件与通用型字段绑定的方法是在控件的 ControlSource 属性中设置_____。

【答案】 通用型字段名

【解析】 在 Visual FoxPro 中，ControlSource 属性可以为文本框指定一个字段或内存变量。如果要将控件与通用型字段绑定，可以将控件的 ControlSource 属性中设置通用型字段名。

29．控件的数据绑定是指将控件与某个_____联系起来。

【答案】 数据源

【解析】 在 Visual FoxPro 中，控件的数据绑定是指将控件与某个数据源联系起来。

8.2 练习题库

一、选择题

1．下面关于属性、方法和事件的叙述中，错误的是（ ）。
  A．属性用于描述对象的状态，方法用于表示对象的行为
  B．基于同一类产生的两个对象可以分别设置自己的属性值
  C．事件代码也可以像方法一样被显式调用

D．在新建一个表单时，可以添加新的属性、方法和事件

2．能够将表单的 Visible 属性设置为.T．，并使表单成为活动对象的方法是（　　）。

　　A．SetFocus　　　　　B．Show　　　　　C．Release　　　　　D．Hide

3．运行某个表单时，下列有关表单事件引发次序的叙述正确的是（　　）。

　　A．先 Activare 事件，然后 Init 事件，最后 Load 事件

　　B．先 Activare 事件，然后 Load 事件，最后 Init 事件

　　C．先 Init 事件，然后 Activare 事件，最后 Load 事件

　　D．先 Load 事件，然后 Init 事件，最后 Activare 事件

4．下面对编辑框（EditBox）控件属性的描述正确的是（　　）。

　　A．SelLength 属性的设置可以小于 0

　　B．Readonly 属性值为.T.时，用户不能使用编辑框上的滚动条

　　C．SelText 属性在做界面设计时不可用，在运行时可读写

　　D．当 ScrollBars 的属性值为 0 时，编辑框内包含水平滚动条

5．表单文件在【项目管理器】的（　　）选项卡下。

　　A．代码　　　　　B．文档　　　　　C．类　　　　　D．数据

6．下面对控件的描述正确的是（　　）。

　　A．用户对一个表单内的一组复选框只能选中其中一个

　　B．用户可以在列表框中进行多重选择

　　C．用户可以在一个选项组中选中多个选项按钮

　　D．用户可以在组合框中进行多重选择

7．表单文件的扩展名为（　　）。

　　A．.scx　　　　　B．.idx　　　　　C．.hlp　　　　　D．.fxp

8．确定列表框内的某个条目是否被选定应使用的属性是（　　）。

　　A．ListCount　　　　　　B．ColumnCount

　　C．Value　　　　　　　　D．Selected

9．不能作为应用程序系统中的主程序的是（　　）。

　　A．程序　　　　　B．菜单　　　　　C．数据表　　　　　D．表单

10．为了在文本框的输入时显示"*"，应该设置文本框的（　　）属性。

　　A．Passwordword　　　　　B．Passwordchar

　　C．Password　　　　　　　D．InputMask

11．为表单 MyForm 添加事件或方法代码，改变该表单中的控件 Cmdl 的 Caption 属性的正确命令是（　　）。

　　A．THISFORMSET.Cmdl.Caption="确定"

　　B．THIS.Cmdl.Caption="确定"

　　C．THISFORM.Cmdl.Caption="确定"

　　D．Myform.Cmdl.Caption="确定"

12．下列不能作为文本框控件数据来源的是（　　）。

A．字符型字段　　B．内存变量　　　C．数值型字段　　D．备注型字段

13．在表单 OurForm 的一个控件的事件或方法代码中，改变该表单的背景色为蓝色的正确命令是（　　　）。

  A．THIS.BackColor=RGB(0,0,255)

  B．THIS.Parent.BackColor=RGB(0,0,255)

  C．THISFORM.BackColor=RGB(0,0,255)

  D．OurForm.BackColor=RGB(0,0,255)

14．计时器控件的主要属性是（　　　）。

  A．Value　　　　B．Caption　　　C．Interval　　　D．Enabled

15．以下属于容器类控件的是（　　　）。

  A．Commandbutton　　　　　　B．Form

  C．Label　　　　　　　　　　D．Text

16．以下属于非容器类控件的是（　　　）。

  A．Container　　B．Label　　　C．Page　　　　D．Form

二、填空题

1．新创建的表单默认标题为"Form1"，要将表单标题设置为"学生管理"，应设置表单的_____属性。

2．在表单运行时，要求单击某一对象时释放表单，在该对象的 Click 事件中输入_____代码。

3．数据环境是一个对象，泛指定义表单或表单集时使用的_____，包括表、视图和关系。

4．利用_____可以接收、查看和编辑数据，方便、直观地完成数据管理工作。

5．要使标签标题文字竖排，必须将其_____属性值设置为.T.。

6．表单中的控件的属性既可在【属性】对话框中设置，又可在_____中设置。

7．选项按钮组属于_____类控件。

8．在对象的引用中，ThisForm 表示_____。

9．无论是否对事件编程，发生某个操作时，相应的事件都会被_____。

10．要为表单设计下拉菜单，首先需要在菜单设计时，在【常规选项】对话框中选择【顶层表单】复选框；其次要将表单的 ShowWindows 属性值设置为_____，使其成为顶层表单；最后需要在表单的_____事件代码中添加调用菜单程序的命令。

第 9 章 菜 单 设 计

9.1 试 题 解 析

一、选择题解析

1. 在 Visual FoxPro 主窗口中，打开菜单设计窗口后，在主菜单栏上增加的菜单是（　　）。

    A．菜单　　　　　B．屏幕　　　　　C．浏览　　　　　D．文本

【答案】 A

【解析】打开菜单设计窗口后，系统自动在菜单条中增加一个名为"菜单"的菜单，用户可利用这一菜单或窗口进行菜单设计。

2. 在 Visual FoxPro 系统中使用菜单设计窗口建立菜单，若设计的菜单项选中后要产生一个子菜单，则"结果"栏应选择（　　）。

    A．子菜单　　　　B．命令　　　　　C．过程　　　　　D．菜单项

【答案】 A

【解析】因为要产生一个子菜单，则"结果"栏应选择 A．子菜单。

3. 设计下拉式菜单的基本过程是（　　）。

    A．打开"菜单设计器" → 生成菜单程序 → 定义菜单 → 运行菜单

    B．打开"菜单设计器" → 运行菜单 → 定义菜单 → 生成菜单程序

    C．运行菜单 → 打开"菜单设计器" → 定义菜单 → 生成菜单程序

    D．打开"菜单设计器" → 定义菜单 → 生成菜单程序 → 运行菜单

【答案】 D

【解析】设计下拉式菜单一般有 4 个基本过程：打开"菜单设计器" → 定义菜单→ 生成菜单程序 → 运行菜单，在定义菜单过程中产生菜单文件（.mnx），这个文件不能直接运行，必须将菜单生成可执行文件（.mpr），才可以被系统直接运行，故正确答案为 D。

4. 使用（　　）命令可以创建菜单。

    A．DEFINE PAD　　　　　　　　B．DEFINE FORM

    C．DEFINE POPUP　　　　　　　D．DO MENU

【答案】 A

【解析】 在 Visual FoxPro 中，一般利用菜单设计器创建菜单应用程序的菜单和菜单项，但是在 Visual FoxPro 中也可以用命令的方式来创建菜单。DEFINE PAD 可以创建菜单，DEFINE POPUP 可以创建浮动子菜单。

二、填空题解析

1.【菜单设计器】的【预览】及【运行】菜单都可以用来查看所设计的菜单的结果，其中只是查看菜单样式而不执行菜单项相应命令的操作是_____。

【答案】 预览

【解析】 单击【预览】按钮后，在显示的菜单中可以进行选择、检查菜单的层次关系与提示是否正确等。但是不会激发菜单项的相应的操作。

2. 在【命令】窗口中键入_____命令激活菜单设计器去设计一个新的菜单。

【答案】 CREATE MENU

【解析】 使用 CREATE MENU 可以创建一个新的菜单，此外还可以利用【文件】菜单的【新建】和【项目管理器】创建菜单。

3. 命令 SET SYSTEM TO DEFAULT 的结果是将_____设置为默认菜单。

【答案】 系统主菜单

【解析】 该命令的作用是关闭【应用程序】菜单而打开主菜单。

9.2 练 习 题 库

一、选择题

1. 菜单设计器中不包括的命令是（   ）。

    A. 插入   B. 删除   C. 生成   D. 预览

2. 有一个菜单文件 MAIN.mnx，要运行该菜单的方法是（   ）。

    A. 执行命令 DO MAIN.mnx

    B. 执行命令 DO MENUMAIN.mnx

    C. 先生成菜单程序文件 MAIN.mpr，再执行命令 DO MAIN.mpr

    D. 先生成菜单程序文件 MAIN.mpr，再执行命令 DO MENUMAIN.mnx

3. 使用（   ）可在菜单设计器中自动复制一个与 Visual FoxPro 系统菜单一样的菜单。

    A.【插入菜单项】命令   B.【快速菜单】命令

    C.【插入栏】命令   D.【生成】命令

4. 对工具栏的设计，下列说法正确的是（   ）。

    A. 既可以在【设计】工具栏添加控件，也可以在【表单设计器】中向工具栏添加控件

    B. 只可以在【设计】工具栏添加控件

    C. 只可以在【表单设计器】中向工具栏添加控件

    D. 可以在【类浏览器】中向工具栏添加控件

5. 关于快速菜单，下面说法正确的是（　　）。

　A. 基于 Visual FoxPro 主菜单，用于添加用户所需的菜单项

　B. 快速菜单的运行速度较快

　C. 可以为菜单项指定快速访问的方式

　D. "快捷菜单"的另一种说法

6. 用菜单设计器设计的菜单保存后，其生成的文件扩展名为（　　）。

　A. .scx 和.sct　　　　　　　　B. .mnx 和.mnt

　C. .frx 和.frt　　　　　　　　D. .pjx 和.pjt

7. 菜单项名称为"Help"，要为该菜单项设置热键 H，则在名称中设置为（　　）。

　A. Alt+H　　　B. \<H　　C. Alt+\<　　D. <H

8. 有连续的两个菜单项，名称分别为"保存"和"删除"，要用分隔线将这两个菜单分组，方法是（　　）。

　A. 在"保存"菜单项名称前面加上"\—"，即保存"\—"

　B. 在"删除"菜单项名称前面加上"\—"，即删除"\—"

　C. 在两个菜单项之间添加一个菜单项，并在名称栏中输入"\—"

　D. A 或 B 两种方法均可

9. 为顶层表单添加下拉式菜单，定义菜单时的正确做法是（　　）。

　A. 在"菜单设计器"环境下，选择 Visual FoxPro 系统条形菜单的【显示】|【菜单选项】命令，然后在【菜单选项】对话框中，选中"顶层表单"复选框

　B. 在"菜单设计器"环境下，选择 Visual FoxPro 系统条形菜单的【显示】|【常规选项】命令，然后在【常规选项】对话框中，选中"顶层表单法"复选框

　C. 在"菜单设计器"环境下，选择 Visual FoxPro 系统条形菜单的【菜单】|【菜单选项】命令，然后在【菜单选项】对话框中，选中"顶层表单"复选框

　D. 在"菜单设计器"环境下，选择 Visual FoxPro 系统条形菜单的【菜单】|【显示】|【常规选项】命令，然后在【常规选项】对话框中，选中"顶层表单"复选框

10. 如果要将一个 SDI 菜单添加到一个表单中，则（　　）。

　A. 表单必须是 SDI 表单，并在表单的 Load 事件中调用菜单程序

　B. 表单必须是 SDI 表单，并在表单的 Init 事件中调用菜单程序

　C. 只需在表单的 Load 事件中调用菜单程序

　D. 只需在表单的 Init 事件中调用菜单程序

11. 将一个预览成功的菜单存盘，再运行该菜单，却不能执行。这是因为（　　）。

　A. 没有放到项目中　　　　　　B. 没有生成菜单程序

　C. 要用命令方式　　　　　　　D. 要编入程序

12. 设计菜单要完成的最终操作是（　　）。

　A. 创建主菜单及子菜单　　　　B. 指定各菜单任务

　C. 浏览菜单　　　　　　　　　D. 生成菜单程序

13. 用菜单设计器生成菜单的基本步骤为（　　）。

（1）进行菜单设计　　　（2）打开菜单设计器　　　（3）生成菜单程序

（4）保存菜单定义　　　（5）运行菜单程序

A.（4）→（2）→（3）→（1）→（5）

B.（2）→（1）→（4）→（3）→（5）

C.（3）→（2）→（4）→（1）→（5）

D.（2）→（1）→（3）→（4）→（5）

14. 打开菜单设计器后，系统菜单将自动增加一个（　　）菜单。

A.【常规】　　　　　　　B.【运行】

C.【设计】　　　　　　　D.【菜单】

15. 设菜单文件名为 TEST.mnx，则菜单设计器生成的菜单程序文件名为（　　）。

A. TEST.fpt　　　　　　　B. TEST.mpr

C. MNX.mpr　　　　　　　D. TEST.mnt

二、填空题

1. 菜单文件的扩展名是_____，而它的备份文件的扩展名是_____，菜单程序文件的扩展名为_____。

2. 菜单设计器窗口中的_____可以用于上下级菜单之间的切换。

3. 在菜单设计窗口中要为菜单项定义快捷键，可以使用_____对话框。

4. 在子菜单中添加分隔线使用_____；添加快速访问键使用_____。

5. 在【新建菜单】对话框中有_____和_____两种选项。

6. 把 Visual FoxPro 的主菜单系统加载到菜单设计器中，以加速菜单系统的创建过程，可使用_____功能。

7. 在定义菜单时，菜单项的结果有填充名称、菜单项、_____和子菜单 4 种选择。

8. 在用户应用程序中引用菜单时，必须使用_____作为扩展名。

9. 用户在创建菜单时，若单击【菜单】|【快速菜单】命令，则会把 Visual FoxPro 的_____加载到"菜单设计器"中，将其作为创建菜单的基础，以加速菜单系统的创建过程。

10. 要为表单设计下拉式菜单，在进行菜单设计时，首先需要在【常规选项】对话框中选中"_____"复选框；其次要将表单的 ShowWindow 属性值设置为"_____"，使其成为顶层表单；最后需要在表单的 Init 事件代码中添加调用菜单程序的命令。

三、判断题

1. 在 Visual FoxPro 中，利用菜单设计器建立菜单时创建分隔线的方法是在菜单名称中输入"\-"。（　　）

2. 在 Visual FoxPro 中，利用菜单设计器设计菜单时各菜单项及其功能必须由用户自己定义。（　　）

3．在 Visual FoxPro 中，要为某对象添加快捷菜单，应在该对象的 RightClick 事件代码中调用快捷菜单。（　　）

4．设菜单程序名为 CAIDAN.mpr，则执行 DO CAIDAN 即可运行菜单程序。（　　）

5．创建快捷菜单，只能通过"菜单设计器"创建。（　　）

第 10 章　报表与标签

10.1　试 题 解 析

一、选择题解析

1．关于启动【报表向导】的 4 种途径，下列说法错误的是（　　）。

A．选择【项目管理器】中的【文档】选项卡，然后选择【报表】|【新建】按钮，在打开的【新建报表】对话框中单击【报表向导】按钮

B．选择【文件】|【新建】命令，在文件类型中选择"报表"

C．选择【工具】|【向导】|【报表】菜单命令

D．直接单击工具栏上的【报表向导】图标按钮

【答案】　D

【解析】　D 项错误。正确的操作方法应是：在菜单栏中选择【工具】|【向导】|【报表】命令。

2．如果用【报表设计器】设计报表，可用命令（　　）。

A．SET REPORT [<报表文件名>]　　　　B．CREATE REPORT [<报表文件名>]

C．CREATE [<报表文件名>]　　　　　　D．MODIFY REPORT [<报表文件名>]

【答案】　B

【解析】　在 Visual FoxPro 中，MODIFY REPORT[<报表文件名>]是打开报表的命令格式。另外，A、C 两项不是合法的报表创建命令。

3．下列关于调整带区高度的说法中，错误的是（　　）。

A．可以使用左侧标尺作为指导，标尺量度可指定带区高度和页边距

B．可以在对话框中直接输入高度值，或调整"高度"微调器的数值均可

C．如果要调整带区高度，可用鼠标选中某一带区标识栏，然后上下拖拽该带区

D．不能使带区高度小于布局中控件的高度

【答案】　A

【解析】　设置报表布局时，在添加了所需带区之后，就可以在带区中添加需要的控件。可用左侧标尺作为指导，这里的标尺量度仅指带区高度，不包含页边距。

4．一个表中有"职称"、"性别"、"部门"字段，如果要连续显示同一部门中同一性别的不同职称的记录，可按关键字（　　）来建立索引。

A．部门　　　　　　　　　　　　　　　B．部门+性别

C．职称+性别+部门　　　　　　　　　　D．部门+性别+职称

【答案】　D

【解析】　多级分组报表的数据源必须可以分出级来，本题中需要创建一个数据三级

分组报表。另外如何创建索引，应根据实际应用需要而定。为了使一个部门中同一个性别的不同职称记录连续显示，表必须创建基于关键字表达式的多重索引：部门+性别+职称。故正确答案为 D。

5．对报表进行数据分组后，报表会自动包含的带区是（　　）。

A．"细节"带区

B．"组标头"和"组注脚"带区

C．"细节"、"组标头"和"组注脚"带区

D．"标题"、"细节"、"组标头"和"组注脚"带区

【答案】 B

【解析】 分组之后，报表布局就自动包含了"组标头"和"组注脚"带区，通常，把分组所用的域控件从"细节"带区复制或移动到"组标头"带区。"组注脚"带区通常包含组总计和其他组总结性带区，但是"细节"带区和"标题"带区不是报表布局在分组之后自动生成的，所以正确答案为 B。

6．在【报表设计器】中，可以使用的控件是（　　）。

A．标签、域控件　　　　　　　　B．标签、域控件和列表框

C．标签、文本框和列表框　　　　D．布局和数据源

【答案】 A

【解析】 【报表控件】工具栏上有选定对象、域、标签、线条、矩形、圆角矩形、图片/Active 绑定控件、按钮锁定控件。

7．打开【报表设计器】的命令是（　　）。

A．MODIFY REPORT<报表文件名>

B．OPEN REPORT<报表文件名>

C．CREAETE REPORT<报表文件名>

D．DO REPORT<报表文件名>

【答案】 A

【解析】 在 Visual FoxPro 中，打开【报表设计器】的命令是 MODIFY REPORT<报表文件名>。选项 B 语法错误。选项 C 中的命令用来创建报表。选项 D 中的命令是执行报表文件。

8．（　　）用于打印表或视图中的字段、变量和表达式的计算结果。

A．报表控件　　B．域控件　　C．标签控件　　D．图片/Active 绑定控件

【答案】 B

【解析】 本题答案是 B。在【报表控件】工具栏中包含余下的 3 个控件按钮，其中标签控件用于显示与记录无关的数据；"域控件"用于显示或打印字段，内存变量或其他表达式的内容；图片/Active 绑定控件用于显示图片或通用型字段的内容。

9．报表文件的扩展名为（　　）。

A．.cdx　　　　B．.frx　　　　C．.qpx　　　　D．.fxp

【答案】　B

【解析】　报表文件的扩展名为.frx。选项 A 是复合索引文件的扩展名。选项 C 是生成的查询程序的扩展名。选项 D 是编译过的程序文件的扩展名。

10．下列关于报表带区及其作用的叙述错误的是（　　）。

A．对于"页标头"带区，系统打印一次该带区所包含的内容

B．对于"标题"带区，系统只在报表开始时打印一次该带区的内容

C．对于"细节"带区，每条记录只打印一次

D．对于"组标头"带区，系统将在数据分组时打印一次其内容

【答案】　A

【解析】　本题选项为 A。打印或预览报表时，系统会以不同的方式处理各个带区的数据。对于"页标头"带区，系统将在每一页上打印一次该带区的内容。

11．在 Visual FoxPro 中，报表由（　　）和（　　）两个基本部分组成。

A．视图和布局　　　　　　　　　B．数据源和布局

C．数据表和布局　　　　　　　　D．数据库和布局

【答案】　B

【解析】　在 Visual FoxPro 中报表由数据源和布局组成。数据源是报表的来源，报表的数据源通常是数据库中的表或自由表，也可以是视图、查询或临时表。报表布局定义了报表的打印格式。设计报表就是根据报表的数据源和应用需要来设计报表的布局。选项 A 中视图错误，视图可以作为数据源，但还有其他数据源。选项 C 错误，说法不完整。选项 D 错误，因为数据库与数据源不同，数据库不能作为报表的数据来源。因此正确答案为 B。

12．对于报表中不需要的控件，选定后按（　　）键可删除控件。

A．Shift　　　　　B．Ctrl+W　　　　C．Delete　　　　D．Ctrl+X

【答案】　C

【解析】　本题 4 个选项中，只有 Delete 键可删除不需要的控件，所以选 C。

13．下列创建报表的方法，正确的一项是（　　）。

A．使用【报表设计器】创建自定义报表

B．使用【报表向导】创建报表

C．使用快速报表创建简单规范的报表

D．以上答案均正确

【答案】　D

【解析】　在 Visual FoxPro 中，通常利用 3 种方法创建报表：一是使用【报表设计器】创建自定义报表；二是使用【报表向导】创建报表；三是使用快速报表创建简单规范的报表。因此选 D。

14．为了事先在【报表设计器】中为表建立索引，可以在数据环境之外设置当前索引，例如在【命令】窗口执行（　　）命令。

A．SET RODER TO<索引关键字>

B．SET INDEX TO<索引文件表>

C．INDEX ON<索引名>

D．INDEX ON eExpression To IDXFileName

【答案】　A

【解析】　在数据环境设计器中也可以指定当前索引，其命令格式为：SET ORDER TO<索引关键字>，而 SET INDEX TO 是打开索引文件的命令。项中的命令格式用于建立索引，其中 eExpression 是索引表达式，IDXFileName 是扩展名为.idx 的文件。项中的命令格式不完整，故 A 选项正确。

15．在【报表设计器】中，带区的作用主要是（　　）。

A．控制数据在页面上的打印宽度　　　　B．控制数据在页面上的打印区域

C．控制数据在页面上的打印位置　　　　D．控制数据在页面上的打印数量

【答案】　C

【解析】　在 Visual FoxPro 中，带区的主要作用是控制数据在页面上的打印位置。选项 A 中的打印宽度，选项 B 中的打印位置，选项 D 中的打印数量都是通过【页面设置】对话框来设定。

16．如果要隐藏【报表控件】工具栏，可单击（　　）|【工具栏】菜单命令，从打开的【工具栏】对话框中选定或取消要显示或隐藏的工具栏。

A．【编辑】　　　　B．【显示】　　　　C．【工具】　　　　D．【格式】

【答案】　B

【解析】　在 Visual FoxPro 中，如果要显示或隐藏【控件】工具栏，可单击【显示】|【工具栏】菜单命令，打开【工具栏】对话框，如果要显示工具栏，则选中相应的工具栏；如果要隐藏工具栏可取消工具栏项的选定状态。选项 A、C、D 的菜单中没有【工具栏】命令，所以错误。

17．在 Visual FoxPro 中，报表的数据源有（　　）。

A．数据库表或自由表　　　　　　　　B．视图

C．查询　　　　　　　　　　　　　　D．以上答案均正确

【答案】　D

【解析】　在 Visual FoxPro 中，报表的数据源通常是数据库中的表或自由表，也可以是视图、查询或临时表。选项 D 包含选项 A、B、C，因此正确答案为 D。

18．打开 Visual FoxPro【项目管理器】的【文档】选项卡，其中包含（　　）。

A．表单文件　　　　　　　　　　　　B．报表文件

C．标签文件　　　　　　　　　　　　D．以上 3 种文件都有

【答案】　D

【解析】　要想熟练地设计各种表单、报表等文档，就必须熟悉项目管理器的各种选项的功能。

19．下面用来打开【报表设计器】的命令是（　　）。

A．CREATE REPORT<报表文件名>　　　　B．OPEN REPORT<报表文件名>

C．CREATE<报表文件名> D．DO REPORT<报表文件名>

【答案】 A

【解析】 在 Visual FoxPro 中，打开【报表设计器】的命令是 CREATE REPORT<报表文件名>。选项 B 的语法错误。选项 C 用来打开【表设计器】。选项 D 用来运行报表。

20．下列文件的扩展名中，表示报表文件的是（ ）。

A．.frx B．.fpt C．.frt D．.fxp

【答案】 A

【解析】 本题 4 个选项中，选项 A 中的.frx 表示报表文件；选项 B 中的.fpt 表示数据表备注文件；选项 C 中的.frt 表示报表备注文件；选项 D 中的.fxp 表示源程序编译后的文件。

二、填空题解析

1．对报表进行数据分组时，报表会自动包含_____和_____带区。

【答案】 组标头；组注脚

【解析】 本题考查的知识点是设置分组报表的基础知识。对报表进行数据分组时，报表会自动包含"组标头"和"组注脚"带区。

2．使用"快速报表"创建报表，仅需_____和_____。

【答案】 选取字段；设定报表布局

【解析】 在 Visual FoxPro 中，使用快速报表可以创建一个格式简单的报表。启动快速报表后，将打开【快速报表】对话框，需要用户选择报表布局。之后可以单击【字段】按钮选择报表中要包含的字段，最后单击【确定】按钮，即可创建出报表。

3．在开发应用程序时，常用到的 OLE 技术是指_____技术。

【答案】 对象链接与嵌入

【解析】 OLE 技术即对象链接与嵌入技术，一个 OLE 对象可以是图片、声音、文档等，Visual FoxPro 中的报表可以处理这些 OLE 对象。

4．_____定义报表打印格式。

【答案】 报表布局

【解析】 在 Visual FoxPro 中，报表包括数据源和布局两部分。数据源是报表的数据来源，报表布局定义了报表的打印格式。

5．在 Visual FoxPro 中创建报表的方式有 3 种：_____、_____和_____。

【答案】 使用报表向导创建报表；使用报表设计器创建报表；创建快速报表

【解析】 创建报表的 3 种方式为：使用【报表向导】创建报表、使用【报表设计器】创建报表、创建快速报表。

6．如果要预览【报表设计器】中的内容，可单击菜单_____|【预览】命令。

【答案】 显示

【解析】 如果要预览【报表设计器】中的内容，可单击【显示】|【预览】菜单命令，

或者在报表上单击鼠标右键，选择快捷菜单中的【预览】命令。

7. 在打印报表时，对"细节"带区的内容默认为_____的打印顺序，为了在页面上打印出多个栏目来，需要把打印顺序设置为_____。

【答案】 自上向下；自左向右

【解析】 第一个空填"自上向下"，这种顺序适合于除多栏报表以外的其他报表，但是对于多栏报表而言，这种打印顺序只能靠左边距打印一个栏目，页面上其他栏目为空白，为了在页面上打印出多个栏目来，需把打印顺序改为"自左向右"。

8. 在【命令】窗口或程序中用_____命令可以打印或预览指定的报表。

【答案】 REPORT FORM<报表文件名>[PREVIEW]

【解析】 在 Visual FoxPro 中，命令格式：REPORT FORM<报表文件名>[PREVIEW]可以用于打印或预览指定的报表。

9. 创建分组报表需要按_____进行索引或排序，否则不能保证正确分组。

【答案】 分组表达式

【解析】 在 Visual FoxPro 中创建分组报表需要按分组表达式进行索引或排序。在 Visual FoxPro 中，一个报表可以设置一个或多个数据分组，组的分隔基于分组表达式，这个表达式通常由一个字段或由一个以上的字段组成。

10. 如果单击【常用】工具栏中的【打印】按钮时，不弹出【打印】对话框，则直接送往_____的打印管理器。

【答案】 Windows

【解析】 在这种情况下，系统已直接将要打印的报表文件送往 Windows 的打印管理器了。

11. 报表的数据源通常是数据库中的_____或_____，也可以是_____、_____或_____。

【答案】 表；自由表；视图；查询；临时表

【解析】 在 Visual FoxPro 中，报表的数据源通常是数据库中的表或自由表、也可以是视图、查询或临时表。

12. 在 Visual FoxPro 中，报表文件的扩展名为_____。

【答案】 .frx

【解析】 本题考查的知识点是报表文件的扩展名。报表文件的扩展名为.FRX。

13. 第一次启动【报表设计器】时，报表布局中只有 3 个带区，它们是_____、_____和_____。

【答案】 标头；细节；页注脚

【解析】 在 Visual FoxPro 中，报表带区主要有标题、页标头、细节、页注脚、总结、组标头、组注脚、列标头、列注脚，系统默认下，只打开标头、细节和页注脚。

14. 在_____中，不但可以设计报表布局，规划数据在页面上的打印位置，而且可以添加各种控件。

【答案】 报表设计器

【解析】 在【报表设计器】中，不但可以设计报表布局，规划数据在页面上的打印位置，而且可以添加各种控件。

15．从面向对象角度来看，报表可看成是_____，因此，报表设计主要是对_____。

【答案】 由各种控件组成的；控件及其布局的设计

【解析】 从面向对象的角度来看，报表可看成是由各种控件组成的。因此，报表设计主要是对控件及布局的设计。

16．在 Visual FoxPro 中，域控件器用于_____。

【答案】 打印表或视图中的字段、变量和表达式的计算结果

【解析】 域控件器用于打印表或视图中的字段、变量和表达式的计算结果。

17．在 Visual FoxPro 中，用来打开【报表设计器】的命令是_____。

【答案】 CREATE REPORT 和 MODIFY REPORT

【解析】 在 Visual FoxPro 中，通过 CREATE REPORT 和 MODIFY REPORT 命令都可以打开【报表设计器】。

10.2 练 习 题 库

一、选择题

1．【报表设计器】中不包含在基本带区的有（　　）。

    A．标题　　　　　　B．页标头　　　　　C．页脚注　　　　　D．细节

2．报表控件有（　　）。

    A．标签　　　　　　D．预览　　　　　　C．数据源　　　　　D．布局

3．下列不能作为报表数据源的是（　　）。

    A．数据库表　　　　B．视图　　　　　　C查询　　　　　　D．自由表

4．在 Visual FoxPro 中，报表由（　　）组成。

    A．元组和属性　　　　　　　　　　　　B．表单和对象

    C．数据源和布局　　　　　　　　　　　D．数据源和数据表

5．首次启动【报表设计器】时，报表布局中只有 3 个带区，分别为页标头、（　　）和页注脚。

    A．标题　　　　　　B．细节　　　　　　C．组标头　　　　　D．组注脚

6．利用"一对多报表向导"创建的一对多报表，把来自两个表中的数据分开显示，父表中的数据显示在（　　）带区，而子表中的数据显示在细节带区。

    A．标题　　　　　　B．页注脚　　　　　C．组标头　　　　　D．组注脚

7．下列选项中，不能作为报表数据源的是（　　）。

    A．数据库表　　　　B．查询　　　　　　C．视图　　　　　　D．自由表

8．在 Visual FoxPro 中，（　　）用来定义报表打印格式。

A. 控件　　　　　B. 对象　　　　　C. 报表布局　　　D. 带区

9. 在 Visual FoxPro 中，报表控件有（　　　）。

A. 预览　　　　　B. 数据源　　　　C. 布局　　　　　D. 标签

10. 创建分组报表需要按（　　　）进行索引和排序，否则不能保证正确分组。

A. 升序　　　　　B. 分组表达式　　C. 降序　　　　　D. 字段

11. 数据源通常是数据库中的表，也可以是自由表、视图或（　　　）。

A. 数据库表　　　B. 查询　　　　　C. 属性　　　　　D. 元组

12. 如果已经设定了对报表分组，报表中将包含（　　　）带区。

A. 标题和细节　　　　　　　　　　B. 标题和页注脚

C. 组标头和页注脚　　　　　　　　D. 组标头和组注脚

13. 【报表设计器】中不包含在基本带区的有（　　　）。

A. 标题　　　　　B. 页注脚　　　　C. 细节　　　　　D. 页标头

14. 使用【报表向导】定义报表时，定义报表布局的选项是（　　　）。

A. 列数、方向、字段布局　　　　　B. 列数、行数、字段布局

C. 行数、方向、字段布局　　　　　D. 列数、行数、方向

15. 报表标题要通过（　　　）控件定义。

A. 列表框　　　　B. 标签　　　　　C. 标题　　　　　D. 组合框

16. 从面向对象的角度来看，报表可以看成是由各种（　　　）组成的，所以报表设计主要是对控件及其布局的设计。

A. 布局　　　　　B. 控件　　　　　C. 对象　　　　　D. 方法

17. Visual FoxPro 的报表文件.frx 中保存的是（　　　）。

A. 打印报表的预览格式　　　　　　B. 打印报表本身

C. 报表的格式和数据　　　　　　　D. 报表设计格式的定义

18. 在创建快速报表时，基本带区包括（　　　）。

A. 标题、细节和总结　　　　　　　B. 页标头、细节和页注脚

C. 组标头、细节和组注脚　　　　　D. 报表标题、细节和页注脚

二、填空题

1. Visual FoxPro 提供了 3 种创建报表的方法：_____、_____ 和 _____。

2. 利用"一对多报表向导"创建的一对多报表，把来自两个表中的数据分开显示，父表中的数据显示在 _____ 带区，而子表中的数据显示在细节带区。

3. _____ 定义报表的打印格式。

4. 定义报表布局主要包括设置报表页面，设置 _____ 中的数据位置，调整报表带区的大小等。

5. 创建分组报表需要按 _____ 进行索引或排序，否则不能保证正确分组。

6. 报表由 _____ 和 _____ 两个基本部分组成。

7．【报表向导】启动时，首先打开_____对话框，如果数据源是一个表，应选取【报表向导】，如果数据源包括父表和子表，则应选取_____。

8．数据源是报表的数据来源，报表的数据源通常是数据库中的表或自由表也可以用_____、_____或临时表。

9．从_____角度来看，报表可以看成是由各种控件构成的，因此报表设计主要是对控件及其布局的设计。

10．域控件是指与字段、内存变量和表达式计算结果链接的_____。

11．在 Visual FoxPro 中，多个数据分组基于_____。

12．创建报表有_____种方法。

13．首次启动【报表设计器】时，报表布局中只有 3 个带区，它们是页标头、_____和页注脚。

第三部分　全国计算机等级考试大纲

全国计算机等级考试（二级公共基础知识）大纲

◆ **基本要求**

1. 掌握算法的基本概念。
2. 掌握基本数据结构及其操作。
3. 掌握基本排序和查找算法。
4. 掌握逐步求精的结构化程序设计方法。
5. 掌握软件工程的基本方法，具有初步应用相关技术进行软件开发的能力。
6. 掌握数据库的基本知识，了解关系数据库的设计。

◆ **考试内容**

一、基本数据结构与算法

1. 算法的基本概念；算法复杂度的概念和意义（时间复杂度与空间复杂度）。
2. 数据结构的定义；数据的逻辑结构与存储结构；数据结构的图形表示；线性结构与非线性结构的概念。
3. 线性表的定义；线性表的顺序存储结构及其插入与删除运算。
4. 栈和队列的定义；栈和队列的顺序存储结构及其基本运算。
5. 线性单链表、双向链表与循环链表的结构及其基本运算。
6. 树的基本概念；二叉树的定义及其存储结构；二叉树的前序、中序和后序遍历。
7. 顺序查找与二分法查找算法；基本排序算法（交换类排序、选择类排序、插入类排序）。

二、程序设计基础

1. 程序设计方法与风格。
2. 结构化程序设计。
3. 面向对象的程序设计方法、对象、方法、属性及继承与多态性。

三、软件工程基础

1. 软件工程基本概念；软件生命周期概念；软件工具与软件开发环境。
2. 结构化分析方法；数据流图；数据字典；软件需求规格说明书。
3. 结构化设计方法；总体设计与详细设计。
4. 软件测试的方法；白盒测试与黑盒测试；测试用例设计；软件测试的实施；单

元测试、集成测试和系统测试。

5．程序的调试；静态调试与动态调试。

四、数据库设计基础

1．数据库的基本概念：数据库、数据库管理系统、数据库系统。

2．数据模型；实体联系模型及 E-R 图；从 E-R 图导出关系数据模型。

3．关系代数运算，包括集合运算及选择、投影、连接运算；数据库规范化理论。

4．数据库设计方法和步骤：需求分析、概念设计、逻辑设计和物理设计的相关策略。

◆ **考试方式**

公共基础知识有 10 道选择题和 5 道填空题，共计 30 分。

全国计算机等级考试（二级 Visual FoxPro）大纲

◆ 基本要求

1. 具有数据库系统的基础知识。
2. 基本了解面向对象的概念。
3. 掌握关系数据库的基本原理。
4. 掌握数据库程序设计方法。
5. 能够使用 Visual FoxPro 建立一个小型数据库应用系统。

◆ 基础知识

一、基本概念

数据库、数据模型、数据库管理系统、类和对象、事件、方法。

二、关系数据库

1. 关系数据库：关系模型、关系模式、关系、元组、属性、域、主关键字和外部关键字。

2. 关系运算：选择、投影、连接。

3. 数据的一致性和完整性：实体完整性、域完整性、参照完整性。

三、Visual FoxPro 系统特点与工作方式

1. Windows 版本数据库的特点。

2. 数据类型和主要文件类型。

3. 各种设计器和向导。

4. 工作方式：交互方式（命令方式、可视化操作）和程序运行方式。

四、Visual FoxPro 的基本数据元素

1. 常量、变量、表达式。

2. 常用函数：字符处理函数、数值计算函数、日期时间函数、数据类型转换函数、测试函数。

五、Visual FoxPro 数据库的基本操作

1. 数据库和表的建立、修改与有效性检验。

1）表结构的建立与修改。

2）表记录的浏览、增加、删除与修改。

3）创建数据库，向数据库添加或移出表。

4）设定字段级规则和记录规则。

5）表的索引：主索引、候选索引、普通索引、唯一索引。

2. 多表操作。

1）选择工作区。

2）建立表之间的关联：一对一的关联；一对多的关联。

3）设置参照完整性。

4）建立表间临时关联。

3．建立视图与数据查询。

1）查询文件的建立、执行与修改。

2）视图文件的建立、查看与修改。

3）建立多表查询。

4）建立多表视图。

六、关系数据库标准语言 SQL

1．SQL 的数据定义功能。

1）CREATE TABLE。

2）ALTER TABLE。

2．SQL 的数据修改功能。

1）DELETE。

2）INSERT。

3）UPDATE。

3．SQL 的数据查询功能。

1）简单查询。

2）嵌套查询。

3）连接查询：内连接、外连接、左连接、右连接、完全连接。

4）分组与计算查询。

5）集合的并运算。

七、项目管理器、设计器和向导的使用

1．使用项目管理器。

1）使用【数据】选项卡。

2）使用【文档】选项卡。

2．使用表单设计器。

1）在表单中加入和修改控件对象。

2）设定数据环境。

3．使用菜单设计器。

1）建立主选项。

2）设计。

3）设定菜单选项程序代码。

4．使用报表设计器。

1）生成快速报表。

2）修改报表布局。

3）设计分组报表。

4）设计多栏报表。

5．使用应用程序向导。

6．应用程序生成器与连骗应用程序。

八、Visual FoxPro 程序设计

1．命令文件的建立与运行。

1）程序文件的建立。

2）简单的交互式输入、输出命令。

3）应用程序的调试与执行。

2．结构化程序设计。

1）顺序结构程序设计。

2）选择结构程序设计。

3）循环结构程序设计。

3．过程与过程调用。

1）子程序设计与调用。

2）过程与过程文件。

3）局部变量和全局变量、过程调用中的参数传递。

4．用户定义对话框（MessageBox）的使用。

◆ 考试方式

1．笔试：90 分钟。

2．上机操作：90 分钟。

◆ 上机操作内容

1．基本操作，共计 30 分。

2．简单应用，共计 40 分。

3．综合应用，共计 30 分。

第四部分 全国计算机等级考试（二级 Visual FoxPro）笔试试题及解析

笔试试题 1

一、选择题（每小题 2 分，共 70 分）

下列各题 A）、B）、C）、D）四个选项中，只有一个选项是正确的。请将正确选项涂写在答题卡相应位置上，答在试卷上不得分。

1. 程序流程图中带有箭头的线段表示的是（　　）。
   A）图元关系　　　B）数据流　　　C）控制流　　　D）调用关系

2. 结构化程序设计的基本原则不包括（　　）。
   A）多态性　　　B）自顶向下　　　C）模块化　　　D）逐步求精

3. 软件设计中模块划分应遵循的准则是（　　）。
   A）低内聚低耦合　　　　　　B）高内聚低耦合
   C）低内聚高耦合　　　　　　D）高内聚高耦合

4. 在软件开发中，需求分析阶段产生的主要文档是（　　）。
   A）可行性分析报告　　　　　B）软件需求规格说明书
   C）概要设计说明书　　　　　D）集成测试计划

5. 算法的有穷性是指（　　）。
   A）算法程序的运行时间是有限的　　B）算法程序所处理的数据量是有限的
   C）算法程序的长度是有限的　　　　D）算法只能被有限的用户使用

6. 对长度为 n 的线性表排序，在最坏情况下，比较次数不是 n(n-1) / 2 的排序方法是（　　）。
   A）快速排序　　　B）冒泡排序　　　C）直线插入排序　　　D）堆排序

7. 下列关于栈的叙述正确的是（　　）。
   A）栈按"先进先出"组织数据　　　B）栈按"先进后出"组织数据
   C）只能在栈底插入数据　　　　　D）不能删除数据

8. 在数据库设计中，将 E-R 图转换成关系数据模型的过程属于（　　）。
   A）需求分析阶段　　　　　　B）概念设计阶段
   C）逻辑设计阶段　　　　　　D）物理设计阶段

9. 有 3 个关系 R、S 和 T 如下：

R		
B	C	D
a	o	k1
b	1	nl

S		
B	C	D
f	3	h2
a	o	k1
n	2	x1

T		
B	C	D
a	o	k1

由关系 R 和 S 通过运算得到关系 T，则所使用的运算为（　　）。

A）并　　　　　　B）自然连接　　　　C）笛卡儿积　　　D）交

10. 设有表示学生选课的 3 张表；学生 S（学号，姓名，性别，年龄，身份证号），课程 C（课号，课名），选课 SC（学号，课号，成绩），则表 SC 的关键字（键或码）为（　　）。

A）课号，成绩　　　　　　　　B）学号，成绩

C）学号，课号　　　　　　　　D）学号，姓名，成绩

11. 在 Visual FoxPro 中，扩展名为.mnx 的文件是（　　）。

A）备注文件　　　B）项目文件　　　C）表单文件　　　D）菜单文件

12. 有如下赋值语句：a="计算机"，b="微型"，结果为"微型机"的表达式是（　　）。

A）b+LEFT(a, 3)　　　　　　B）b+RIGHT(a, 1)

C）b+LEFT(a, 5, 2)　　　　　D）b+RIGHT(a, 2)

13. 在 E-R 图中，用来表示实体之间联系的图形是（　　）。

A）矩形　　　B）椭圆形　　　C）菱形　　　D）平行四边形

14. 下面程序的运行结果是（　　）。

```
SET EXACT ON
  s="ni"+SPACE（2）
 IF s = "ni"
   IF s="ni"
     ?"one"
   ELSE
     ?"two"
   ENDIF
 ELSE
   IF s="ni"
     ?"three"
   ELSE
     ?"four"
   ENDIF
 ENDIF
RETURN
```

A）one　　　B）two　　　C）three　　　D）four

15. 如果内存变量和字段变量均有变量名 "姓名"，那么引用内存变量的正确方法

是（　　）。

    A）M.姓名　　　　　B）M->姓名　　　　　　C）姓名　　　　D）A 和 B 都可以

16. 要为当前表中所有性别为"女"的职工增加 100 元工资，应使用命令（　　）。

    A）REPLACE ALL 工资 WITH 工资+100

    B）REPLACE 工资 WITH 工资+100 FOR 性别="女"

    C）REPLACE 工资 WITH 工资+100

    D）REPLACE ALL 工资 WITH 工资+100 WHERE 性别="女"

17. MODIFY STRUCTURE 命令的功能是（　　）。

    A）修改记录值　　　　　　　　　　B）修改表结构

    C）修改数据库结构　　　　　　　　D）修改数据库或表结构

18. 下列可以运行查询文件的命令是（　　）。

    A）DOB　　　　　　　　　　　　　B）BROWSE

    C）DO QUERY　　　　　　　　　　D）CREATE QUERY

19. SQL 语句中删除视图的命令是（　　）。

    A）DROP TABLE　　　　　　　　　B）DROP VIEW

    C）ERASE TABLE　　　　　　　　　D）ERASE VIEW

20. 设有订单表 order（其中包括字段：订单号、客户号、职员号、签订日期、金额），查询 2007 年所签订单的信息，并按金额降序排序，正确的 SQL 命令是（　　）。

    A）SELECT*FROM order WHERE YEAR(签订日期)=2007 ORDER BY 金额 DESC

    B）SELECT*FROM order WHILE YEAR(签订日期)=2007 ORDER BY 金额 ASC

    C）SELECT*FROM 0rder WHERE YEAR(签订日期)=2007 ORDER BY 金额 ASC

    D）SELECT*FROM order WHILE YEAR(签订日期)=2007 ORDER BY 金额 DESC

21. 设有订单表 order（其中包括字段：订单号、客户号、职员号、签订日期、金额），删除 2002 年 1 月 1 日以前签订的订单记录，正确的 SQL 命令是（　　）。

    A）DELETE TABLE order WHERE 签订日期<{^2002-1-1}

    B）DELETE TABLE order WHILE 签订日期>{^2002-1-1}

    C）DELETE?FROM order WHERE 签订日期<{^2002-1-1}

    D）DELETE?FROM order WHILE 签订日期>{^2002-1-1}

22. 下面属于表单方法名（非事件名）的是（　　）。

    A）Init　　　　B）Release　　　　C）Destroy　　　D）Caption

23. 下列表单的（　　）属性设置为真时，表单运行时将自动居中。

    A）AutoCenter　　B）AlwaysOnTop　　C）ShowCenter　　D）FormCenter

24. 下面关于命令 DO FORM XX NAME YY LINKED 的叙述中，正确的是（　　）。

    A）产生表单对象引用变量 XX，在释放变量 XX 时自动关闭表单

B）产生表单对象引用变量 XX，在释放变量 XX 时并不关闭表单

C）产生表单对象引用变量 YY，在释放变量 YY 时自动关闭表单

D）产生表单对象引用变量 YY，在释放变量 YY 时并不关闭表单

25. 表单里有一个选项按钮组，包含两个选项按钮 Option1 和 Option2，假设 Option2 没有设置 Click 事件代码，而 Option1 以及选项按钮和表单都设置了 Click 事件代码，那么当表单运行时，如果用户单击 Option2，系统将（　　　）。

A）执行表单的 Click 事件代码　　　B）执行选项按钮组的 Click 事件代码

C）执行 Option1 的 Click 事件代码　D）不会有反应

26. 下列程序段执行以后，内存变量 X 和 Y 的值是（　　　）。

```
CLEAR
STORE 3 TO X
STORE 5 TO Y
PLUSf(xl, Y )
? X, Y
PROCEDURE PLUS
PARAMETERS A1, A2
A1= A1+A2
A2=A1+A2
ENDPROC
```

A）8　13　　　　　B）3　13　　　　　C）3　5　　　　　D）8　5

27. 下列程序段执行以后，内存变量 Y 的值是（　　　）。

```
CLEAR
X=12345
Y=0
DO WHILE X>0
Y= Y+ X%10
X= int(X/10)
ENDDO
? Y
```

A）54321　　　　　B）12345　　　　　C）51　　　　　D）15

28. 下列程序段执行后，内存变量 s1 的值是（　　　）。

```
s1 ="network"
sl = stuff (s1, 4, 4, "BIOS")
```

A）network　　　　　B）NetBlOS　　　　　C）net　　　　　D）B1OS

29. 参照完整性规则的更新规则中"级联"的含义是（　　　）。

A）更新父表中连接字段值时，用新的连接字段自动修改子表中的所有相关记录

B）若子表中有与父表相关的记录，则禁止修改父表中的连接字段值

C）父表中的连接字段值可以随意更新，不会影响子表中的记录

D）父表中的连接字段值在任何情况下都不允许更新

30．在查询设计器环境中，【查询】菜单下的【查询去向】命令指定了查询结果的输出去向，输出去向不包括（　　）。

    A）临时表　　　　　B）表　　　　　C）文本文件　　　　　D）屏幕

31．表单名为myForm的表单中有一个页框myPageFrame，将该页框的第3页（Page3）的标题设置为"修改"，可以使用代码（　　）。

    A）myForm.Page3.myPageFrame.Caption="修改"

    B）myForm.MyPageFrame.Caption.Page3="修改"

    C）Thisform.MyPageFrame.Page3.Caption="修改"

    D）Thisform.myPageFrame.Caption.Page3="修改"

32．向一个项目中添加一个数据库，应该使用项目管理器的（　　）。

    A）【代码】选项卡　　　　　　　　B）【类】选项卡

    C）【文档】选项卡　　　　　　　　D）【数据】选项卡

下表是用 list 命令显示的"运动员"表的内容和结构，第33～35题使用该表：

记录号	运动员号	投中2分球	投中3分球	罚球
1	1	3	4	5
2	2	2	1	3
1	3	0	0	0
4	4	5	6	7

33．为"运动员"表增加一个"得分"字段的 SQL 语句是（　　）。

    A）CHANGE TABLE 运动员 ADD 得分 I

    B）ALTER? DATA 运动员 ADD 得分 I

    C）ALTER TABLE 运动员 ADD 得分 I

    D）CHANGE TABLE 运动员 INSERT 得分 I

34．计算每名运动员的"得分"（33题增加的字段）的正确 SQL 语句是（　　）。

    A）UPDATE 运动员 FIELD 得分=2*投中2分球+3*投中3分球+罚球

    B）UPDATE 运动员 FIELD 得分 WITH 2*投中2分球+3*投中3分球+罚球

    C）UPDATE 运动员 SET 得分 WITH 2*投中2分球+3*投中3分球+罚球

    D）UPDATE 运动员 SET 得分=2*投中2分球+3*投中3分球+罚球

35．检索"投中3分球"小于等于5个的运动员中"得分"最高的运动员的"得分"，正确的 SQL 语句是（　　）。

    A）SELECT MAX(得分)得分 FROM 运动员 WHERE 投中3分球<=5

    B）SELECT MAX(得分)得分 FROM 运动员 WHEN 投中3分球<=5

    C）SELECT 得分=MAX(得分) FROM 运动员 WHERE 投中3分球<=5

    D）SELECT 得分=MAX(得分) FROM 运动员 WHEN 投中3分球<=5

二、填空题（每空2分，共30分）

请将每一个空的正确答案写在答题卡（1）～（15）序号的横线上，答在试卷上不得分。注意：以命令关键字填空的必须拼写完整。

1．测试用例包括输入值集和　【1】　值集。

2．深度为 5 的满二叉树有　【2】　个叶子结点。

3．设某循环队列的容量为 50，头指针 front=5（指向队头元素的前一位置），尾指针 rear=29（指向队尾元素），则该循环队列中共有　【3】　个元素。

4．在关系数据库中，用来表示实体之间联系的是　【4】　。

5．在数据库管理系统提供的数据定义语言、数据操纵语言和数据控制语言中，　【5】　负责数据的模式定义与数据的物理存取构建。

6．在基本表中，要求字段名　【6】　重复。

7．SQL 的 SELECT 语句中，使用　【7】　子句可以消除结果中的重复记录。

8．在 SQL 的 WHERE 子句的条件表达式中，字符串匹配（模糊查询）的运算符是　【8】　。

9．数据库系统中对数据库进行管理的核心软件是　【9】　。

10．使用 SQL 的 CREATE TABLE 语句定义表结构时，用　【10】　短语说明关键字（主索引）。

11．在 SQL 语句中要查询表 S 在 AGE 字段上取空值的记录，正确的 SQL 语句为：SELECT　*FROM S WHERE　【11】　。

12．在 Visual FoxPro 中，使用 LOCATE ALL 命令按条件对表中的记录进行查找，若查不到记录，函数 EOF( )的返回值应是　【12】　。

13．在 Visual FoxPro 中，假设当前文件夹中有菜单程序文件 MYMENU.MPR，运行该菜单程序的命令是　【13】　。

14．在 Visual FoxPro 中，如果要在子程序中创建一个只在本程序中使用的变量 XL（不影响上级或下级的程序），应该使用　【14】　说明变量。

15．在 Visual FoxPro 中，在当前打开的表中物理删除带有删除标记记录的命令是　【15】　。

【笔试试题 1 答案解析】

一、选择题

1．【答案】C
【解析】本题考查的是程序流程图的相关知识。流程图中矩形表示处理，菱形表示判断，带箭头的线表示控制流。

2．【答案】A
【解析】结构化程序设计方法的主要原则可以概括为：自顶向下、逐步求精、模块化和限制使用 GOTO 语句，而多态性是面向对象程序设计方法的特点。

3.【答案】B

【解析】耦合和内聚是判断模块独立性的两个标准，模块的内聚性越强，其耦合性就越弱，软件设计标准遵循高内聚低耦合的原则。

4.【答案】B

【解析】需求分析的最终结果是生成软件需求规格说明书，可以为用户、分析人员和设计人员之间的交流提供方便，支持目标的确认，也可以作为软件开发进程的依据。

5.【答案】A

【解析】算法的有穷性是指算法必须在有限的时间内完成，即算法必须在执行有限个步骤之后终止。

6.【答案】D

【解析】各种排序方法中最坏情况下需要的比较次数分别为：快速排序 n(n-1) / 2、冒泡排序 n(n-1) / 2、简单插入排序 n(n-1) / 2、堆排序 O(nlog2n)、希尔排序 O(n1.5)、简单选择排序 n(n-1) / 2。

7.【答案】B

【解析】栈的定义是在允许在一端进行插入和删除的线性表，允许插入和删除数据的一端称为栈顶，另一端称为栈底，栈是按照"先进后出"原则组织数据的，所以栈又叫做"先进后出"表或"后进先出"表。

8.【答案】C

【解析】数据库的设计阶段包括需求分析、概念设计、逻辑设计和物理设计，其中 E-R 图转换成关系数据模型的过程属于逻辑设计阶段。

9.【答案】D

【解析】关系 R 和 S 的交运算得到的关系是既在 R 内又在 S 内的有序组，即为 R∩S。

10.【答案】C

【解析】关键字是指属性或属性组的组合，其值能够唯一地标识一个元组。在表 SC 中，学号和课号的组合可以唯一标识一个元组，所以 SC 的关键字为"学号"和"课号"的组合。

11.【答案】D

【解析】该题考查 Visual FoxPro 中各种文件类型的扩展名，.mnx 是菜单文件的扩展名。

12.【答案】D

【解析】该题主要考查取子串函数的使用。同时，一个汉字在计算机中占两个字符，故要取得一个完整的汉字字符，必须指定字符长度为 2。在字符串"计算机"中，可利用 RIGHT 函数从右侧取得"机"字符。LEFT 和 RIGHT 函数只能从左边或右边第一个字符开始截取指定长度的字符串，而不能从指定位置开始截取指定长度的字符串。故正确答案为 D。

13.【答案】B

【解析】该题考查 Visual FoxPro 的数据类型。变量 X 是一个日期时间型数据，用 T

表示；变量 Y 是一个逻辑型数据，用 L 表示；变量 M 是一个货币型数据，用 Y 表示；变量 N 是一个数值型数据，用 N 表示；变量 Z 是一个字符型数据，用 C 表示。故正确答案为 B。

14.【答案】C

【解析】当对两个字符串进行一般比较时，其相等与否还和 Visual FoxPro 中的一条设置命令"SET EXACT ON / OFF"有关。当处于系统默认的"SET EXACT OFF"状态时，只要运算符"="右边的字符串与左边字符串的前面内容相匹配，即认为相等，换句话说，比较时以右边的字符串为准，右边字符串比较结束就终止比较。而在"SET EXACT ON"状态下，则先在较短字符串的尾部添加空格，使得两个字符串长度相等后再进行比较。

该程序首先定义变量 s 的值是一个长度为 4 的字符串"ni"和两个空格。接下来，程序开始执行 IF...ELSE 条件语句的内容。该条件语句中嵌套了两个 IF 条件语句。第一个 IF 条件语句是"= ="，要求对字符串进行精确比较，字符型变量 s 的值长度为 4，而字符串"ni"的长度为 2，两个字符串不完全相等，因此，IF 条件不成立，转向执行与之匹配的 ELSE 和 ENDIF 之间的语句，即转到执行程序段的第 10 行，判断 s 的值是否等于字符串"ni"，由于程序段一开始就设置了 EXACT 的状态为 ON，即在使用单等号比较两个字符串时，先在较短的字符串尾部加上若干个空格，使进行比较的两个字符串长度相等，然后再进行精确比较。因此，当字符串尾部增加两个空格后，将与字符变量 s 的变量值完全相等，此时，接着执行下一条语句，输出字符串 three，转到执行 ENDIF 后面的语句，程序结束。

15.【答案】D

【解析】当字段变量和内存变量同名时，系统优先使用字段变量。如果要引用内存变量，可以在内存变量名前加前缀"M."或"M->"。故答案 D 正确。

16.【答案】B

【解析】该题考查 Visual FoxPro 中修改表记录的命令。CHANGE 和 REPLACE 命令都具有修改表记录的功能，CHANGE 命令只能在交互环境中使用，用来对当前表记录进行编辑、修改，排除选项 C 和 D。使用 REPLACE 命令可直接用指定的表达式或值修改记录，如果使用 FOR 短语，则修改逻辑表达式为真的所有记录，选项 A 使用了 ALL 短语，命令执行结果是修改表中所有记录，与题目要求不符。故正确答案为 B。

17.【答案】B

【解析】在 Visual FoxPro 中修改数据表结构时，首先应该用 USE 命令打开要修改的数据表，然后利用 MODIFY STRUCTURE 打开表设计器进行修改。故答案 B 正确。

18.【答案】A

【解析】执行查询文件的命令格式为：DO <查询闻文件名>，此时必须给出查询文件的扩展名.qpr。

19.【答案】B

【解析】DROP VIEW 表示从当前数据库中删除指定的 SQL 视图。

20.【答案】A

【解析】该题考查 SQL 的排序查询。在排序语句中，ASC 短语表示升序排序，是默认的排序方式，可省略；而 DESC 短语表示降序排序，不可以缺少，排除选项 B、C。在 SQL 查询语句中用来指定查询条件的是 WHERE 关键字，排除选项 D。故正确答案为 A。

21.【答案】C

【解析】该题考查 SQL 语句的删除功能。删除记录命令的标准格式为：DELETE FROM <表文件名> [WHERE<条件>]，故选项 C 正确。

22.【答案】B

【解析】Init 和 Destroy 是事件，Caption 是控件的属性，Release 是方法。

23.【答案】A

【解析】AutoCenter 属性指定表单在首次显示时，是否自动在 Visual FoxPro 主窗口内居中。其默认值为.F.，即不居中显示。若居中显示，则修改其属性值为.T.即可。AlwaysOnTop 属性防止其他窗口遮挡表单。表单没有 ShowCenter 和 FormCenter 属性。

24.【答案】C

【解析】运行表单的命令格式如下：

DO?FORM<表单文件名>?[NAME<变量名>][WITH<参数 1>[,参数 2]···[LINKED] [NOSHOW][To 内存变量]

NAME 子句使系统建立指定名称的变量，并使它指向表单对象；否则，系统建立与表单文件同名的变量指向表单对象。如果包含 LINKED 关键字，表单对象将随指向它的变量的清除而关闭（释放）；否则，即使变量已经清除，表单对象也依然存在。故选项 C 正确。

25.【答案】B

【解析】本题考查表单控件中事件的引发次序。Click 事件是鼠标单击事件，当为表单或控件设置了 Click 事件代码后，运行表单时，单击该对象将引发 Click 事件。

选项组是一个容器类控件，它可以包含若干个单选按钮，每个单选按钮都可以看成是一个独立的基本类控件，并设置自己的属性、事件和方法等。用户可以操作其中的单选按钮，也可以操作整个按钮。可以通过设置选项组的 Click 事件代码实现对各个按钮的控制，如果选项组和选项组中某个单选按钮都存在 Click 事件代码，那么一旦单击那个按钮，会优先执行为它单独设置的代码，而不会执行选项组的 Click 事件代码，反之，单击没有设置 Click 事件代码的单选按钮，则执行选项按钮组的 Click 事件代码。故选项 B 正确。

26.【答案】C。

【解析】该题考查参数传递。该题采用在过程名或文件名后面加括号，括号中包括若干个实参变量来调用模块程序。该格式默认情况下都以按值方式传递参数，如果要改变传递方法，必须通过 SET UDFPARMS 命令进行设置。但是，不论设置何种传递方式，凡是用括号括起来的实参，全部都是按值传递，它不受 SET UDFPARMS 语句的影响。

故选项 C 正确。

27.【答案】D。

【解析】该题考查 DO WHILE 循环语句的使用，其中 "X%10" 的运算结果为变量 X 除以 10 之后的余数，"int(X/l0)" 的运算结果为变量 X 除以 10 之后的整数部分。本程序的功能为：依次对变量 X 的值，即本题中的 12345，从后向前对各位数进行相加，最后输出 5+4+3+2+1 的计算值。

28.【答案】B

【解析】该题考查子串替换函数，该函数的功能是从指定位置开始，用<字符表达式 2>去替换<字符表达式 1>中指定个数的字符。替换和被替换的字符个数不一定相等，即用 BIOS 字符串替换 network 字符串中从第 4 个字符开始的后面 4 个字符。故选项 B 正确。

29.【答案】A

【解析】该题考查参照完整性规则。依据参照完整性规则，选项 A 正确。

30.【答案】C

【解析】查询去向有 7 种输出去向，分别是浏览、临时表、表、图形、屏幕、报表和标签，并不包括文本文件，故选项 C 正确。

31.【答案】C

【解析】在引用表单对象时，要使用 ThisForm，故排除选项 A、B。而选项 D 中，Caption 属性值和页面对象 Page3 的位置反了，属性名应放在最后。故选项 C 正确。

32.【答案】D

【解析】【数据】选项卡包含了一个项目中的所有数据——数据库、自由表、查询和视图。

33.【答案】C

【解析】该题考查 SQL 数据定义命令，利用 ALTER TABLE 命令修改表结构，利用排除法，选项 C 正确。

34.【答案】D

【解析】该题考查 SQL 的数据更新命令，其格式如下：

UPDATE<表文件名>

SET<字段名 1>=<表达式>[,<字段名 2>=<表达式 2>,…]

WHERE<条件>

故选项 D 正确。

35.【答案】A

【解析】在 SELECT 查询中，条件短语的关键字是 WHERE，排除选项 B、D。求最大值的函数是 MAX( )，使用计算函数后，如果要指定新的字段名，可以在该计算函数后通过 AS 短语指定新的字段名，也可以省略 AS 短语直接输入新字段名作为输出显示的字段名称。故选项 A 正确。

二、填空题

1.【答案】输出

【解析】测试用例由测试数据（又称输入值集）和与其相对应的输出结果（又称输出值集）两部分组成。

2.【答案】16

【解析】二叉树中，深度为 n 的满二叉树的叶子结点的数目为 2^{n-1}。

3.【答案】24。

【解析】循环队列中的数据元素个数为尾指针与头指针的位置相减，即 29-5=24。

4.【答案】关系

【解析】关系数据库中，用来表示实体之间联系的是二维表，也称关系。

5.【答案】数据定义语言

【解析】数据库管理系统提供数据定义语言、数据操纵语言和数据控制语言。其中，数据定义语言负责数据的模式定义与数据的物理存储构建；数据操纵语言负责数据的操纵，包括增、删、改以及查询等操作；数据控制语言负责数据的完整性、安全性的定义与检查以及并发控制、恢复等功能。

6.【答案】不能

【解析】在同一个关系中不能出现相同的属性名，Visual FoxPro 不允许同一个表中有相同的字段名。

7.【答案】DISTINCT

【解析】SELECT 命令中，去掉查询结果中的重复记录的子句是 DISTINCT。

8.【答案】LIKE。

【解析】字符串使用 LIKE<通配符>时，通配符可以使用"*"或"?"，"*"表示任意多个字符，"?"表示任意一个字符。

9.【答案】数据库管理系统

【解析】数据库管理系统是数据库系统的核心，通常学习使用数据库就是学习某个数据库管理系统的使用方法，如 dBASE、FoxPro、SQL 等都是比较有名的数据库管理系统。

10.【答案】PRIMARY KEY

【解析】用 CREATE TABLE 命令建立表可以完成表设计器的所有功能，其中用 PRIMARY KEY 说明实体完整性的关键字（主索引）。

11.【答案】AGE IS NULL

【解析】字段有"NULL"选项，表示是否允许字段为空值。空值也是关系数据库中的一个重要概念，在数据库中可能会遇到尚未存储数据的字段，这时的空值与空字符串、数值 0 等具有不同的含义，空值就是省略或还没有确定值。

12.【答案】.T.

【解析】使用 LOCATE ALL 命令查找记录时，会将表中的所有记录查找一遍，指针最后停在表末尾，而 EOF 函数的功能是测试当前表文件中的记录指针是否指向文件尾，如果是就返回逻辑真，否则返回逻辑假。本题答案为逻辑真。

13.【答案】Do mymenu.mpr

【解析】使用"DO<文件名>"运行菜单程序，但文件名的扩展名.mpr 不能省略。

14.【答案】LOCAL

【解析】"LOCAL<内存变量表>"命令的功能是建立局部内存变量，局部变量只能在建立它的模块中使用，不能在上层或下层模块中使用。

15.【答案】PACK

【解析】物理删除有删除标记的记录的命令是 PACK。

笔试试题 2

一、选择题（每小题 2 分，共 70 分）

下列各题 A）、B）、C）、D）四个选项中，只有一个选项是正确的。请将正确选项涂写在答题卡相应位置上，答在试卷上不得分。

1. 一个栈的初始状态为空，现将元素 1，2，3，4，5，A，B，C，D，E 依次入栈，则元素出栈的顺序是（　　　）。

    A）12345ABCDE   B）EDCBA54321

    C）ABCDEl2345   D）54321EDCBA

2. 下列叙述中正确的是（　　　）。

    A）循环队列有队头和队尾两个指针，因此，循环队列是非线性结构

    B）在循环队列中，只需要队头指针就能反映队列中元素的动态变化情况

    C）在循环队列中，只需要队尾指针就能反映队列中元素的动态变化情况

    D）循环队列中元素的个数是由队头指针和队尾指针共同决定的

3. 在长度为 n 的有序线性表中进行二分查找，最坏情况下需要比较的次数是（　　　）。

    A）$O(n)$ B）$O(n^2)$ C）$O(\log_2 n)$ D）$O(n\log_2 n)$

4. 下列叙述中正确的是（　　　）。

    A）顺序存储结构的存储一定是连续的，链式存储结构的存储空间不一定是连续的

    B）顺序存储结构只针对线性结构，链式存储结构只针对非线性结构

    C）顺序存储结构能存储有序表，链式存储结构不能存储有序表

    D）链式存储结构比顺序存储结构节省存储空间

5. 数据流图中带有箭头的线段表示的是（　　　）。

    A）控制流   B）事件驱动   C）模块调用   D）数据流

6. 在软件开发中，需求分析阶段可以使用的工具是（　　　）。

    A）N-S 图   B）DFD 图   C）PAD 图   D）程序流程图

7. 在面向对象方法中，不属于"对象"基本特点的是（　　　）。

    A）一致性   B）分类性   C）多态性   D）标识唯一性

8. 一间宿舍可住多个学生，则实体宿舍和学生之间的联系是（　　　）。

    A）一对一   B）一对多   C）多对一   D）多对多

9. 在数据管理技术发展的 3 个阶段中，数据共享最好的是（　　　）。

    A）人工管理阶段   B）文件系统阶段

    C）数据库系统阶段   D）3 个阶段相同

10. 有 3 个关系 R、S 和 T 如下：

R	
A	B
m	1
n	2

S	
B	C
1	3
3	5

T		
A	B	C
m	1	3

　　由关系 R 和 S 通过运算得到关系 T，则所使用的运算为（　　）。

　　A）笛卡儿积　　　　B）交　　　　　　C）并　　　　　　D）自然连接

11. 设置表单标题的属性是（　　）。

　　A）Title　　　　　B）Text　　　　　C）Biaoti　　　　D）Caption

12. 释放和关闭表单的方法是（　　）。

　　A）Release　　　　B）Delete　　　　C）LostFocus　　　D）Destory

13. 从表中选择字段形成新关系的操作是（　　）。

　　A）选择　　　　　B）连接　　　　　C）投影　　　　　D）并

14. Modify Command 命令建立的文件的默认扩展名是（　　）。

　　A）.prg　　　　　B）.app　　　　　C）.cmd　　　　　D）.exe

15. 说明数组后，数组元素的初值是（　　）。

　　A）整数　　　　　B）不定值　　　　C）逻辑真　　　　D）逻辑假

16. 扩展名为.mpr 的文件是（　　）。

　　A）菜单文件　　　　　　　　　　　B）菜单程序文件

　　C）菜单备注文件　　　　　　　　　D）菜单参数文件

17. 下列程序段执行以后，内存变量 y 的值是（　　）。

```
x = 76543
y = 0
DO WHILE x > 0
y = x % 10 + y * 10
x = int ( x / 10 )
ENDDO
```

　　A）3456　　　　　B）34567　　　　C）7654　　　　　D）76543

18. 在 SQL-SELECT 查询中，为了使查询结果排序应该使用短语（　　）。

　　A）ASC　　　　　　　　　　　　　B）DESC

　　C）GROUPBY　　　　　　　　　　D）ORDER BY

19. 设 a= "计算机等级考试"，下列结果为 "考试" 的表达式是（　　）。

　　A）Left (a，4)　　　B）Right(a，4)　　C）Left (a，2)　　D）Right (a，2)

20. 关于视图和查询，以下叙述正确的是（　　）。

　　A）视图和查询都只能在数据库中建立

　　B）视图和查询都不能在数据库中建立

　　C）视图只能在数据库中建立

　　D）查询只能在数据库中建立

21. 在 SQL SELECT 语句中与 INTO TABLE 等价的短语是（　　）。

A）INTO DBF   B）TO TABLE
C）INTO FORM   D）INTO FILE

22．CREATE DATABASE 命令用来建立（　　　）。

    A）数据库　　　　　B）关系　　　　C）表　　　　　　　D）数据文件

23．欲执行程序 temp.prg，应该执行的命令是（　　　）。

    A）DO PRG temp.prg

    B）DO temp.prg

    C）DO CMD temp.prg

    D）DO FORM temp.prg

24．执行命令 MyForm = CreateObject("Form")可以建立一个表单，为了让该表单在屏幕上显示，应该执行命令（　　　）。

    A）MyForm.List   B）MyForm.Display
    C）MyForm.Show   D）MyForm.ShowForm

25．假设有 student 表，可以正确添加字段"平均分数"的命令是（　　　）。

    A）ALTER TABLE student ADD 平均分数 F（6，2）

    B）ALTER DBF student ADD 平均分数 F（6，2）

    C）CHANGE TABLE student ADD 平均分数 F（6，2）

    D）CHANGE TABLE student INSERT 平均分数（6，2）

26．页框控件也称作选项卡控件，在一个页框中可以有多个页面，页面个数的属性是（　　　）。

    A）Count   B）Page   C）Num   D）PageCount

27．打开已经存在的表单文件的命令是（　　　）。

    A）MODIFY FORM   B）EDIT FORM
    C）OPEN FORM   D）READ FORM

28．在菜单设计中，可以在定义菜单名称时为菜单项指定一个访问键。规定了菜单项的访问键为"X"的菜单名称定义是（　　　）。

    A）综合查询\<（X）   B）综合查询/<（X）
    C）综合查询(\< X)   D）综合查询(/< X)

29．假定一个表单里有一个文本框 Text1 和一个命令按钮组 CommandGroup1。命令按钮组是一个容器对象，其中包含 Command1 和 Command2 两个命令按钮。如果要在 Command1 命令按钮的某个方法中访问文本框的 Value 属性值，正确的表达式是（　　　）。

    A）This.ThisForm.Text1.Value   B）This.Parent.Parent.Text1.Value
    C）Parent.Parent.Text1.Value   D）This.Parent.Text1.Value

30．下面关于数据环境和数据环境中两个表之间关联的陈述中，正确的是（　　　）。

    A）数据环境是对象，关系不是对象

    B）数据环境不是对象，关系是对象

    C）数据环境是对象，关系是数据环境中的对象

D）数据环境和关系都不是对象

第 31～35 题使用如下关系：

> 客户（客户号，名称，联系人，邮政编码，电话号码）
> 产品（产品号，名称，规格说明，单价）
> 订购单（订单号，客户号，订购日期）
> 订购单名细（订单号，序号，产品号，数量）

31. 查询单价在 600 元以上的主机板和硬盘的正确命令是（　　　）。
   A）SELECT*FROM 产品 WHERE 单价>600 AND(名称='主机板' AND 名称='硬盘')
   B）SELECT*FROM 产品 WHERE 单价>600 AND(名称='主机板' OR 名称='硬盘')
   C）SELECT*FROM 产品 FOR 单价>600 AND(名称='主机板' AND 名称='硬盘')
   D）SELECT*FROM 产品 FOR 单价>600 AND(名称='主机板' OR 名称='硬盘')

32. 查询客户名称中有"网络"二字的客户信息的正确命令是（　　　）。
   A）SELECT * FROM 客户 FOR 名称 LIKE "%网络%"
   B）SELECT * FROM 客户 FOR 名称= "%网络%"
   C）SELECT * FROM 客户 WHERE 名称= "%网络%"
   D）SELECT * FROM 客户 WHERE 名称 LIKE "%网络%"

33. 查询尚未最后确定订购单的有关信息的正确命令是（　　　）。
   A）SELECT 名称，联系人，电话号码，订单号 FROM 客户，订购单
      WHERE 客户.客户号=订购单. 客户号 AND 订购日期 IS NULL
   B）SELECT 名称，联系人，电话号码，订单号 FROM 客户，订购单
      WHERE 客户.客户号=订购单. 客户号 AND 订购日期=NULL
   C）SELECT 名称，联系人，电话号码，订单号 FROM 客户，订购单
      FOR 客户.客户号=订购单. 客户号 AND 订购日期 IS NULL
   D）SELECT 名称，联系人，电话号码，订单号 FROM 客户，订购单
      FOR 客户.客户号=订购单. 客户号 AND 订购日期=NULL

34. 查询订购单的数量和所有订购单平均金额的正确命令是（　　　）。
   A）SELECT COUNT (DISTINCT 订单号)，AVG (数量*单价)
      FROM 产品 JOIN 订购单名细 ON 产品. 产品号=订购单名细. 产品号
   B）SELECT COUNT(订单号)，AVG(数量*单价)
      FROM 产品 JOIN 订购单名细 ON 产品. 产品号=订购单名细. 产品号
   C）SELECT COUNT (DISTINCT 订单号)，AVG(数量*单价)
      FROM 产品，订购单名细 ON 产品. 产品号=订购单名细. 产品号
   D）SELECT COUNT(订单号)，AVG(数量*单价)
      FROM 产品，订购单名细 ON 产品. 产品号=订购单名细. 产品号

35. 假设客户表中有客户号（关键字）C1～C10 共 10 条客户记录，订购单表有订单号（关键字）OR1～OR8 共 8 条订购单记录，并且订购单表参照客户表。如下命令可

以正确执行的是（　　　）。

　　A）INSERT INTO 订购单 VALUES('OR5'，'C5'，{^2008/10/10})

　　B）INSERT INTO 订购单 VALUES('OR5'，'C11'，{^2008/10/10})

　　C）INSERT INTO 订购单 VALUES('OR9'，'C11'，{^2008/10/10})

　　D）INSERT INTO 订购单 VALUES('OR9'，'C5'，{^2008/10/10})

二、填空题（每空 2 分，共 30 分）

　　请将每一个空的正确答案写在答题卡【1】～【15】序号的横线上，答在试卷上不得分。注意：以命令关键字填空的必须拼写完整。

　　1. 对下列二叉树进行中序遍历的结果是_____【1】_____。

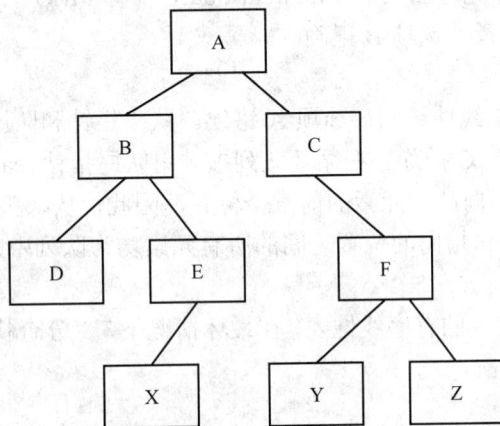

　　2. 按照软件测试的一般步骤，集成测试应在_____【2】_____测试之后进行。

　　3. 软件工程 3 要素包括方法、工具和过程，其中，_____【3】_____支持软件开发的各个环节的控制和管理。

　　4. 数据库设计包括概念设计、_____【4】_____和物理设计。

　　5. 在二维表中，元组的_____【5】_____不能再分成更小的数据项。

　　6. SELECT * FROM student_____【6】_____FILE student 命令将查询结果存储在 student.txt 文本文件中。

　　7. LEFT("12345.6789"，LEN("子串"))的计算结果是_____【7】_____。

　　8. 不带条件的 SQL-DELETE 命令将删除指定表的_____【8】_____记录。

　　9. 在 SQL-SEIECT 语句中为了将查询结果存储到临时表中应该使用_____【9】_____短语。

　　10. 每个数据库表可以建立多个索引，但是_____【10】_____索引只能建立 1 个。

　　11. 在数据库中可以设计视图和查询，其中_____【11】_____不能独立存储为文件（存储在数据库中）。

　　12. 在表单中设计一组复选框（CheckBox）控件是为了可以选择_____【12】_____个或_____【13】_____个选项。

13．为了在文本框输入时隐藏信息（如显示"*"），需要设置该控件的＿＿【14】＿＿属性。

14．将一个项目编译成一个应用程序时，如果应用程序中包含需要用户修改的文件，必须将该文件标为＿＿＿【15】＿＿＿。

【笔试试题 2 答案解析】

一、选择题

1．【答案】B

【解析】栈是按照"先进后出"（first in last out，简称 FILO）的原则组织数据的，故出栈顺序和入栈顺序相反。选项 B 正确。

2．【答案】D

【解析】循环队列是线性结构，选项 A 错误。队头指针和队尾指针一起确定元素的动态变化情况，选项 B、C 排除。在循环队列中，用队尾指针 rear 指向队列中的队尾元素，用队头指针 front 指向队头元素的前一个位置，因此，从队头指针 front 指向的后一个位置直到队尾指针 rear 指向的位置之间的所有元素均为队列中的元素。选项 D 正确。

3．【答案】C

【解析】对于长度为 n 的有序线性表，在最坏情况下，二分查找只需要比较 $\log_2 n$ 次，而顺序查找需要比较 n 次。

4．【答案】A

【解析】选项 B 中链式存储结构也可以用于存储线性结构，线性表的链式存储结构称为线性链表。选项 C 中链式存储结构也可以存储有序表。选项 D 中链式存储结构的存储空间中的每一个存储结点分为两部分：一部分称为数据域；另一部分称为指针域。链式存储结构比顺序存储结构费空间。

5．【答案】D

【解析】数据流图中使用带箭头的线描述传送数据的方向，叫做数据流，控制流是程序流程图中的工具，用来表示程序流程的执行方向。

6．【答案】B

【解析】在软件开发中，需求分析阶段使用数据流图（DFD）为系统建立逻辑模型。故选项 B 正确。

7．【答案】A

【解析】对象有如下基本特点：标识唯一性；分类性；多态性；封装性。

8．【答案】B

【解析】在宿舍和学生两个实体中一间宿舍可以住多个学生，而一个学生仅能在一间宿舍里住，故选项 B 正确。

9．【答案】C

【解析】人工管理阶段无数据共享文件，系统阶段数据共享性差，数据库系统阶段数据共享性最好。

10.【答案】D

【解析】自然连接是一种特殊的等值连接，它要求关系中进行比较的两个分量必须是相同的属性组，并且在结果中将重复属性列去掉。依题意选项 D 正确。

11.【答案】D

【解析】该题考查表单的属性。Caption 属性指定在对象标题中显示的文本，应用于复选框、命令按钮、表单、标头、标签、选项按钮、页面、工具栏。

12.【答案】A

【解析】Release 方法关闭表单，并将表单从内存中释放。

13.【答案】C

【解析】选择指的是从数据表的全部记录中，把那些符合指定条件的记录挑出来。连接将两个关系模式拼接成一个更宽的关系模式，生成的新关系中包含满足连接条件的元组。投影是从所有字段中选取一部分字段及其值进行操作，它是一种纵向操作。故选项 C 正确。

14.【答案】A

【解析】该题考查文件的扩展名。Modify Command 命令用来建立和修改程序文件，而程序文件的扩展名为.prg。

15.【答案】D

【解析】该题考查数组的特点。数组创建后,系统自动给每个数组元素赋以逻辑假.F.。

16.【答案】B

【解析】该题考查文件的扩展名。菜单文件的扩展名为.mnx，菜单程序文件的扩展名为.mpr，菜单备注文件的扩展名为.mnt。故选项 B 正确。

17.【答案】B

【解析】该题考查 DO WHILE 循环语句的使用，其中"x%10"的运算结果为变量 x 除以 10 之后的余数，"int(x/10)"的运算结果为变量 x 除以 10 之后的整数部分。本程序的功能为：第一次循环 y 的值为 3，第二次循环 y 的值为 34，第三次循环 y 的值为 345，直至第五次循环，即输出 x 值的反向值 34567。

18.【答案】D

【解析】GROUP BY 短语用于查询结果的分组，ORDER BY 短语用于指定排序的字段和排序方式，ASC 或 DESC 同 ORDER BY 一起使用，指定排序方式（升序或降序）。

19.【答案】B

【解析】一个汉字占两个字符的位置。"考试"是 4 个字符。选项 A 的结果为"计算"；选项 C 的结果为"计"；选项 D 的结果为"试"。

20.【答案】C

【解析】该题考查视图和查询的区别。查询是以扩展名为.qpr 的文件保存在磁盘文件上的，这是一个文本文件。而视图建立后不以单独的文件存在，而是存放在数据库文件中。

21. 【答案】A

【解析】使用命令 INTODBF TABLE<表文件名>将查询结果存放在永久表中，即 INTO TABLE 短语和 1NTO DBF 短语是等价的。

22. 【答案】A

【解析】在 Visual FoxPro 中，建立数据库的命令是 CREATE DATABASE<数据库文件名>，故选项 A 正确。

23. 【答案】B

【解析】在 Visual FoxPro 中，执行程序的命令格式为 DO<文件名>，故选项 B 正确。

24. 【答案】C

【解析】该题考查表单的方法。表单的 Show 方法用来显示表单。故选项 C 正确。

25. 【答案】A

【解析】该题在数据表 student 中新增字段，ALTER 子句用于修改字段，故排除选项 C、D，字段类型需要用括号括起来，故选项 A 正确。

26. 【答案】D

【解析】页框控件中 PageCount 属性指明一个页框对象所包含的页面对象的数量，故选项 D 正确。

27. 【答案】A

【解析】打开并修改表单的命令为 MODIFY FORM，选项 A 正确。

28. 【答案】C

【解析】Visual FoxPro 中菜单项的访问键是包括控制字符反斜杠和左尖括号（\<）的。故选项 C 正确。

29. 【答案】B

【解析】This 指当前对象，Parent 指对象的上层容器层，ThisForm 指当前的表单。该题中 This 指当前的对象 Command1，This.Parent 指 Conmand1 的上层容器层——命令按钮组，This.Parent.Parent 指命令按钮组的上层容器层表单。该题访问表单中的文本框，故选项 B 正确。

30. 【答案】C

【解析】数据环境是一个对象，有自己的属性、方法和事件。数据环境泛指定义表单或表单集时所使用的数据源，包括与表单或表单集相关的数据表、视图以及表之间的关系等，故两个表之间的关系是数据环境中的对象。

31. 【答案】B

【解析】在 SELECT 查询中 WHERE 说明查询条件，排除选项 C、D。产品名称不可能既是"主机板"，又是"硬盘"，排除选项 A。故选项 B 正确。

32. 【答案】D

【解析】首先排除选项 A、B，查询条件应为 WHERE。该题查询名称中包含"网络"二字的客户信息，使用 LIKE<通配符>，而"="后不可以跟通配符。故选项 D 正确。

33.【答案】A

【解析】依据查询条件排除选项 C、D。NULL 指尚未确定的值，没有确定订购日期，应该用 ISNULL，排除选项 B。故选项 A 正确。

34.【答案】A

【解析】JOIN 用于两个表之间的横向连接，排除选项 C、D。查询订购单的数量时，应去掉重复的订单号，使用 DISTINCT 限制，故选项 A 正确。

35.【答案】D

【解析】订购单表中订单号是关键字，故新增记录不能和已经存在的订单号重复，排除选项 A、B。而订购单表参照客户表，故订购单表中的客户号必须是客户表中已经存在的客户号，故选项 D 正确。

二、填空题

1.【答案】DBXEAYFZC

【解析】依据中序遍历的规则，先中序遍历左子树，访问根结点，再中序遍历右子树。遍历顺序。

2.【答案】单元

【解析】软件测试过程一般按 4 个步骤进行，即单元测试、集成测试、验收测试（确认测试）和系统测试。

3.【答案】过程

【解析】软件工程的 3 要素为方法、工具和过程。方法是完成软件工程项目的技术手段；工具支持软件的开发、管理、文档生成；过程支持软件开发的各个环节的控制和管理。

4.【答案】逻辑设计

【解析】数据库设计是确定系统所需要的数据库结构，包括需求分析、概念设计、逻辑设计、物理设计。

5.【答案】分量

【解析】在数据表中按行存放数据，每行数据称为元组，一个元组由 n 个元组分量所组成，每个元组分量是数据表中每个属性的投影值。分量对应于属性值，不能再分为更小的数据项。

6.【答案】TO

【解析】使用命令 TO FILE<文本文件名>将查询结果存放在文本文件中。

7.【答案】1234

【解析】LEN("子串")的结果为 4，从子串"12345.6189"的左边取 4 个字符为 1234。

8.【答案】全部

【解析】在"DELETE FROM<表文件名>[WHERE<条件>]"中，FROM 指定从哪个表中删除数据，WHERE 指定被删除的记录应满足的条件，如果不使用 WHERE 子句，则删除该表中的全部记录。

9.【答案】INTO CURSOR

【解析】使用命令 INTO CURSOR<临时文件名>将查询结果存放在临时文件中。

10.【答案】主

【解析】在数据库表中只能有一个主索引，且只能在表设计器中建立。

11.【答案】视图

【解析】查询是以扩展名为.qpr 的文件保存在磁盘文件上的，这是一个独立存储的文本文件。而视图建立后不能独立存储，而是存放在.dbc 文件中。

12.【答案】 零；多

【解析】复选框用于指明一个选项是选定还是不选定。复选框一般成组使用，在应用时可以选择多个选项，也可以一项都不选。

13.【答案】PasswordChar

【解析】在 Visual FoxPro 中，控件的 PasswordChar 属性用于指定用做占位符的字符，这样将不显示用户输入的字符，常用于设计口令框。

14.【答案】排除

【解析】在项目管理器中，文件的"包含"和"排除"是相对的。将一个项目编译成一个应用程序时，该项目中标记为"包含"的文件将成为只读文件，用户不能修改；如果应用程序中包含需要用户修改的文件，则要将文件标记为"排除"。

第五部分　全国计算机等级考试（二级 Visual FoxPro）上机模拟试题及解析

模拟试题 1

一、基本操作题（共 4 小题，第 1 和 2 题是 7 分，第 3 和 4 题是 8 分）

在考生目录下完成如下操作：

1. 打开"订货管理"数据库，并将表 order_detail 添加到该数据库中。

2. 为表 order_detail 的"单价"字段定义默认值为 Null。

3. 为表 order_detail 的"单价"字段定义约束规则：单价>0，违背规则的提示信息时："单价必须大于零"。

4. 关闭"订货管理"数据库，然后建立自由表 customer，表结构如下：

客户号　　　　　　　字符型（6）
客户名　　　　　　　字符型（16）
地址　　　　　　　　字符型（20）
电话　　　　　　　　字符型（14）

【解析】进入 Visual FoxPro，打开 Example1 文件夹，并作为当前目录。

① 选择【文件】|【打开】命令，打开如图 5-1-1 所示的对话框。

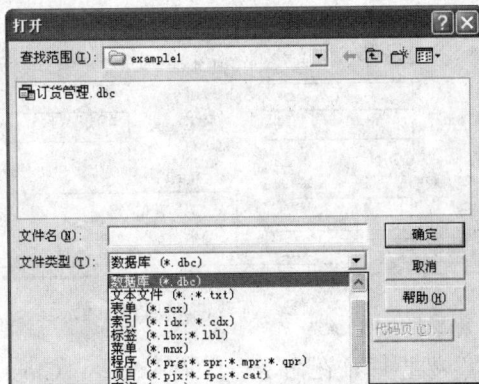

图 5-1-1　【打开】对话框

② 选择"数据库"文件类型，双击"订货管理"打开数据库。

③ 在数据库中单击鼠标右键，弹出快捷菜单，选择"添加表"命令，在对话框中

选"order_detail"表。

④ 在 order_detail 表上单击鼠标右键，弹出快捷菜单，选择"修改"命令，出现结构修改对话框。在对话框中找到"单价"字段，选中"Null"，结果如图 5-1-2 所示，单击【确定】按钮保存。

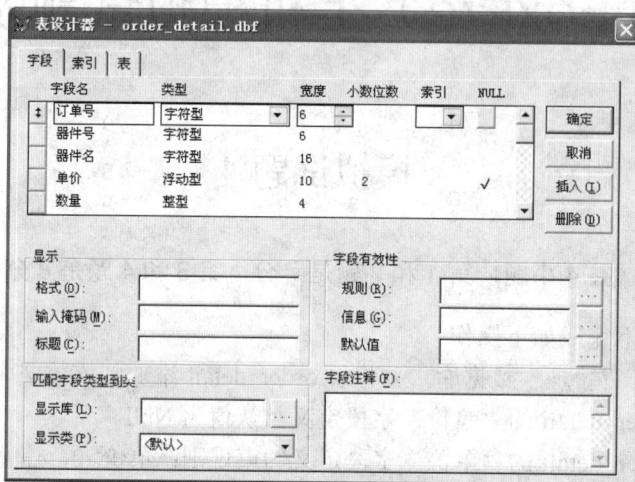

图 5-1-2　修改"单价"字段

⑤ 进入 order_detail 表结构的"修改"状态，选中"单价"字段，输入字段有效性规则、信息，结果如图 5-1-3 所示，单击【确定】按钮保存。

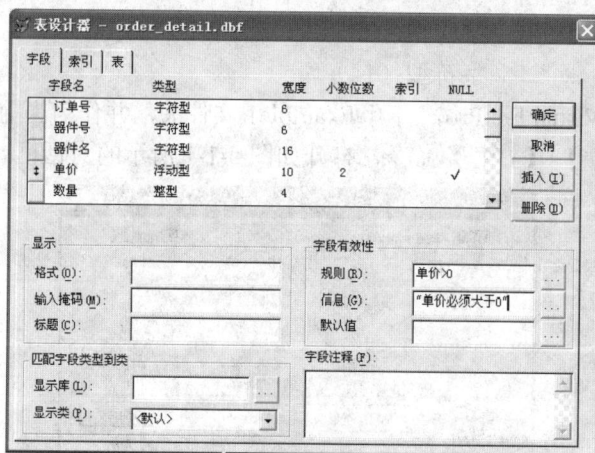

图 5-1-3　修改有效性规则和信息

⑥ 关闭"订货管理"数据库，在命令窗口输入命令：Close All，确保数据库关闭。选择【文件】|【新建】|【表】命令，输入表名"customer"，打开"表设计器"对话框。根据题意输入表结构字段（字段名、类型、宽度、小数位数），结果如图 5-1-4 所示，单击【确定】按钮保存。

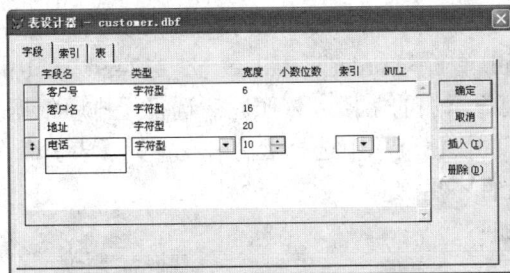

图 5-1-4　输入表结构字段

二、简单应用（共 2 小题，每题 20 分，计 40 分）

在考生目录下完成如下简单应用：

1. 列出总金额大于所有订购单总金额平均值的订购单（order_list）清单（按客户号升序排列），并将结果存储到 results 表中（表结构与 order_list 表结构相同）。

2. 利用 Visual FoxPro 的"快速报表"功能建立一个满足如下要求的简单报表：

① 报表的内容是 order_detail 表的记录（全部记录，横向）。

② 增加"标题带区"，然后在该带区中放置一个标签控件，该标签控件显示报表的标题"器件清单"。

③ 将页注脚区默认显示的当前日期改为显示当前的时间。

④ 最后将建立的报表保存为 report1.frx。

【解析】进入 Visual FoxPro，根据题意操作。

此题应首先计算总金额的平均值，尽管有直接的命令，可以在命令窗口中输入，但为避免手工输入造成的错误，所以尽可能地通过菜单操作来完成。

① 执行【文件】|【新建】|【查询】命令，出现查询设计器。单击右键，在打开的快捷菜单中选择"添加表"，添加"order-list.dbf"表。

② 在查询设计器中单击【函数与表达式】按钮，出现【表达式生成器】窗口，输入或选择生成表达式"AVG(Order_detail.单价*Order_detail.数量)"，单击【确定】按钮后再单击【添加】按钮，表达式即可出现在"选定字段"列表框中，如图 5-1-5 所示。在查询设计器框中单击右键，在打开的快捷菜单中选择"运行查询"，得到"总金额"平均值为 2324.91。

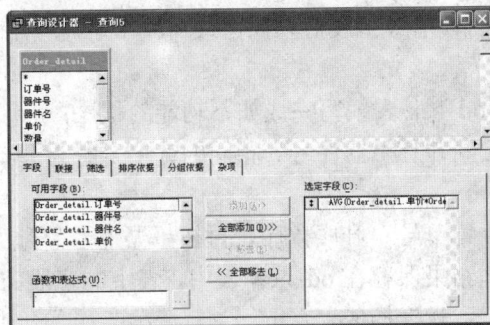

图 5-1-5　选定字段

③ 由此再新建查询。选中 order_detail 列表框中的所有字段，在【筛选】选项卡中添加条件 "order_detail.单价* order_detail.数量>2324.9"，其中 "order_detail.单价* order_detail.数量" 是用户添加的字段。依照题意选择【排序依据】为 "订单号" 升序。然后单击右键，在打开的快捷菜单中选择【输出设置】|【表】命令，输入表名 "result"。最后运行查询。查询文件不用保存。

相应的 SQL 语句如下：

```
SELECT *;
FROM 订货管理!order_detail;
WHERE Order_detail.单价* Order_detail.数量 > 2324.91;
ORDER BY Order_detail.订单号;
INTO TABLE results.dbf
```

④ 执行【文件】|【新建】|【报表】命令，生成一个空报表。

⑤ 执行【报表】|【快捷报表】命令，（当前工作区打开 order_detail.dbf）报表自动填入相关记录。

⑥ 执行【报表】|【标题/总结】命令，自动增加标题带区，执行【显示】命令，打开 "报表控件工具栏"，选择 "标签" 放入标题带区合适位置，输入汉字 "器件清单"。

⑦ 单击页注脚中的 "Date（）" 控件域，单击右键，在打开的快捷菜单中选择【属性】，将 date 函数更改为 Time 函数，结果如图 5-1-6 所示。

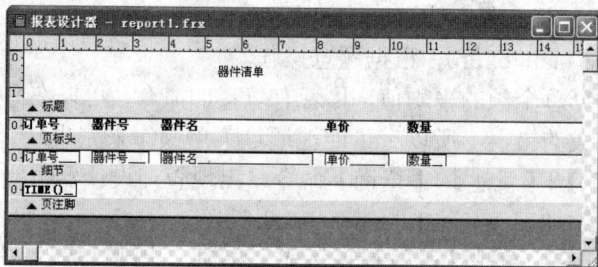

图 5-1-6　更改函数

三、综合应用（1 小题，计 30 分）

首先将 order_detail 表全部复制到 od_bak 表，然后完成如下操作：

1. 将 od_bak 表中的订单号字段值只保留最后一个字母（用 REPALCE 命令或 SQL UPDATE 命令完成修改）。

2. 用 SQL 语句对 od_bak 表编写完成如下功能的程序：

① 把 "订单号" 相同并且 "器件号" 相同的订单合并为一条记录，"单价" 取最低价，"数量" 取合计。

② 结果先按新的 "订单号" 升序排序，再按 "器件号" 升序排序。

③ 最终记录的处理结果保存在 od_new 表中，表中的字段由 "订单号"、"器件号"、"器件名"、"单价" 和 "数量" 构成。

3. 最后将程序保存为 prog1.prg，并执行该程序。

【解析】将 orde_detail 表复制为 od_bak 表可以在命令窗口中执行代码"copy file order_detail.* to od_bak.*"或者执行"use order_detail ；copy to od_bak"两句，也可通过建立查询执行 SQL 命令"SELECT * FROM order_detail INTO TABLE od_bak.dbf"实现。

① 在命令窗口中执行以下语句：

```
Use od_bak
Replace all 订单号 with right(订单号,1)
```

或执行 SQL 语句：

```
Update od_bak set 订单号=right(订单号,1))
```

② 按照"订单号+器件号"分组处理，可通过建立查询手工操作实现。其 SQL 命令如下：

```
SELECT od_bak.订单号, od_bak.器件号, MIN(od_bak.单价)  as  单价,;
 SUM(od_bak.数量)  as  数量, od_bak.订单号+ od_bak.器件号;
FROM od_bak;
GROUP BY 5;
ORDER BY od_bak.订单号, od_bak.器件号;
INTO TABLE abcd.dbf
```

其中，增加了字段"od_bak.订单号+ od_bak.器件号"，并将其作为分组依据。执行结果生成临时文件 abcd.dbf。

然后执行 SQL 命令：

```
Select 订单号,器件号,单价,数量 from abcd into table od_new.dbf
```

③ 保存程序文件时，选择【文件】|【新建】命令，新建一个程序文件，把 SQL 语句放入程序中并运行，运行成功后保存退出。

模拟试题 2

一、基本操作题（共 4 小题，第 1 和 2 题是 7 分，第 3 和 4 题是 8 分）

在考生目录下完成如下操作：

1. 打开"订货管理"数据库，并将表 order_list 添加到该数据库中。

2. 在"订货管理"数据库中建立表 order_detail，表结构描述如下：

订单号	字符型（6）
器件号	字符型（6）
器件名	字符型（16）
单价	字符型（10，2）
数量	整型

3. 为新建立的 order_detail 表建立一个普通索引，索引名和索引表达式均是"订单号"。

4. 建立表 order_list 和表 order_detail 间的永久联系（通过"订单号"字段）。

【解析】① 选择【文件】|【打开】命令，打开数据库"订货管理"，在空白处单击鼠标右键，在弹出的快捷菜单中选择"添加表"，添加"order_list"表。

② 在"订货管理"数据库中，单击鼠标右键，在弹出的快捷菜单中选择"新建表"，依照题意建立表结构，并保存为"order_detail"。

③ 在"order_detail"表中单击鼠标右键，在弹出的快捷菜单中选择【修改】|【索引】命令，在打开的窗口中对"索引名"、"类型"、"表达式"依照题意输入或选择获得。

④ 对表"order_list"建主索引，索引名和索引表达式都为"订单号"。然后拖动该索引标记与"order_detail"表的"订单号"索引连成一条线，即可建立永久关系。

二、简单应用（共 2 小题，每题 20 分，计 40 分）

在考生目录下完成如下简单应用：

1. 将 order_detail 表中的全部记录追加到 order_detail 表中，然后用 SQL-SELECT 语句完成查询：列出所有订购单的订单号、订购日期、器件号、器件名和总金额（按订单号升序排序，订单号相同再按总金额降序排序），并将结果存储到 results 表中（其中订单号、订购日期、总金额取自 order_list 表，器件号、器件名取自 order_detail 表）。

2. 打开 modil.prg 命令文件，该命令文件包含 3 条 SQL 语句，每条 SQL 语句中都有一个错误，请改正之（注意：在出现错误的地方直接改正，不可以改变 SQL 语句的结构和 SQL 短语的顺序）。

【解析】① 在命令窗口中输入如下命令，将 order_detail 表中的全部记录追加到 order_detail 表中。

```
Close all
```

```
Use order_detail
Append from order_detail1
```

完成记录追加后，选择【文件】|【新建】命令，新建一个查询，用查询完成题目所
要求的操作。其 SQL 语句如下：

```
SELECT Order_list.订单号, Order_list.订购日期, Order_detail.器件名,;
  Order_list.总金额;
 FROM 订货管理!order_list INNER JOIN 订货管理!order_detail ;
  ON Order_list.订单号 = Order_detail.订单号;
 ORDER BY Order_list.订单号, Order_list.总金额 DESC;
 INTO TABLE result.dbf
```

② 选择【文件】|【打开】命令，打开程序"modil.prg"。根据题意直接在错处修改，
结果如下：

```
&&所有器件的单价增加5元
UPDATE order_detail1 SET 单价 = 单价 + 5
&&计算每种器件的平均单价
SELECT 器件号,AVG(单价) AS 平均价 FROM order_detail1 GROUP BY 器件号
INTO CURSOR lsb
&&查询平均价小于500的记录
SELECT * FROM lsb WHERE 平均价 < 500
```

修改完成后运行成功，保存退出。

三、综合应用（1 小题，计 30 分）

在做本题前首先确认在基础操作中已经正确地建立了 order_detail 表，在简单应用
中已经成功地将记录追加到 order_detail 表中。

当 order_detail 表中的单价修改后，应该根据该表的"单价"和"数量"字段修改
order_list 表的总金额字段，现在有部分 order_list 记录的总金额字段值不正确，请编写
程序挑出这些记录，并将这些记录存放到一个名为 od_mod 的表中（与 order_list 表结构
相同，自己建立），然后根据 order_detail 表的"单价"和"数量"字段修改 od_mod 表
的总金额字段（注意：一个 od_mod 记录可能对应几条 order_detail 记录），最后 od_mod
表的结果要求按总金额升序排序，编写的程序最后保存为 prog1.prg。

【解析】本题应分两步骤进行。第一步，计算出正确的"总金额"并存入临时表
"abcd.dbf"中；第二步，将"order_list"表与"abcd.dbf"表进行比较，选出"总金额"
不相等的记录，用"abcd.dbf"表的"总金额"置换，最后生成新表"od_mod"。prog1.prg
文件中的语句代码如下：

```
SELECT Order_detail.订单号,;
  SUM(Order_detail.单价*Order_detail.数量) as  总金额;
 FROM 订货管理!order_detail;
 GROUP BY Order_detail.订单号;
 INTO TABLE abcd.dbf
```

```
SELECT Order_list.客户号, Order_list.订单号, Order_list.订购日期,;
 abcd.总金额;
FROM order_list INNER JOIN abcd ;
  ON Order_list.订单号 = Abcd.订单号;
WHERE Order_list.总金额 <> abcd.总金额;
ORDER BY Abcd.总金额;
INTO TABLE od_mod.dbf
```

模拟试题 3

一、基本操作题（共 4 小题，第 1 和 2 题是 7 分，第 3 和 4 题是 8 分）

基本操作题为 4 道 SQL 题，请将每道题的 SQL 语句粘贴到 sql.txt 文件中，每条命令占一行，第 1 道题的命令是第 1 行，第 2 道题的命令是第 2 行，依此类推；如果某道题没有做相应行为空。注意：必须使用 SQL 语句操作且 SQL 语句必须按次序保存在考生文件夹下完成下列操作：

1. 利用 SQL-SELECT 命令将表 stock_sl.dbf 复制到 stock_bk.dbf 中。
2. 利用 SQL-INSERT 命令插入记录（"600028"，4.36，4.60，5500）到 stock_bk.dbf 表中。
3. 利用 SQL-UPDATE 命令将 stock_bk.dbf 表中"股票代码"为"600007"的股票"现价"改为 8.88.
4. 利用 SQL-DELETE 命令删除 stock_bk.dbf 表中"股票代码"为"600000"的股票。

【解析】完成以上操作所使用的命令分别如下：

① SELECT * FROM stock_sl INTO TABLE stock_bk

② ISERT INTO stock_bk values （"600028",4.36,4.60,5500）

③ UPDATE stock_bk SET 现价=8.88　WHERE　股票代码="600007"

④ DELETE FROM stock_bk WHERE 股票代码="600000"

二、简单应用（共 2 小题，每题 20 分，计 40 分）

在考生文件夹下完成如下简单应用：

1. 根据表 stock_name 和 stock_sl 建立一个查询，该查询包含字段：股票代码、股票简称、买入价、现价、持有数量，要求按股票代码升序排序，并将查询保存为 query_stock。注意：股票代码取自表 stock_name 中的股票代码。

2. modi.prg 中的 SQL 语句用于计算"银行"的股票（股票简称中有"银行"两字）的总盈余，现在该语句中有 3 处错误分别出现在第 1 行、第 4 行和第 6 行，请改正之。（注意：不要改变语句的结构、分行，直接在相应处修改。）

【解析】① 选择【文件】|【新建】|【查询】命令，将表"stock_name"与"stock_sl"添加到查询中，依照题意选择"字段"及"排序选项"，最后保存为"query_stock.qpr"查询文件。其 SQL 语句为：

```
SELECT Stock_name.股票代码, Stock_name.股票简称, Stock_sl.买入价,;
  Stock_sl.现价, Stock_sl.持有数量;
FROM  stock_name INNER JOIN stock!stock_sl ;
  ON  Stock_name.股票代码 = Stock_sl.股票代码;
ORDER BY Stock_name.股票代码
```

② 根据题意直接在程序中修改、运行并保存。所作修改如下：

```
SELECT sum ((现价-买入价)*持有数量) ;
FROM stock_sl ;
WHERE 股票代码 ;
in;
(SELECT 股票代码 FROM stock_name ;
 WHERE "银行" $ 股票简称)
```

三、综合应用（1 小题，计 30 分）

在考生文件夹下，建立如下要求的应用程序并运行：

1. 建立一个表单 stock_form，其中包含两个表格控件，第一个表格控件名称是 grdstock_name，用于显示表 stock_name 中的记录，其中显示汉语拼音的第 3 列标头标题设为"汉拼"；第二个表格控件名称是 grdsrock_sl，用于显示与表 stock_name 中当前记录对应的 stock_sl 表中的记录，其中显示持有数量的第 4 列标头标题设为"数量"。

2. 在表单中添加一个"关闭"命令按钮（名称为 Command1），要求单击按钮时关闭表单。（注意：完成表单设计后要运行表单的所有功能。）

【解析】① 选择【文件】|【新建】命令，新建一个表单"stock_form"。在表单上放置两个表格控件和一个命令控件。在第一个表格控件中单击鼠标右键，在弹出的快捷菜单中选择"生成器"命令，选中表"stock_name"中的所有字段放入表格中，并修改属性：

```
Name="grdstock_name"
Column3.header1="汉拼"
```

然后，为第二个表格控件修改属性：

```
Name="grdstock_sl"
```

根据题意，当用户单击第一个表格控件后，第二个表格控件要作相应变化，所以编写第一个表格控件的 AfterRowcolChange 事件代码如下：

```
mp=stock_name.股票代码
select * from stock_sl where 股票代码=mp into cursor mylist
thisform.grdstock_sl.recordsource=1
thisform.grdstock_sl.recordsource="mylist"
thisform.grdstock_sl.column4.header1.caption="数量"
```

第二个表格控件中的记录源可由表得到，也可以由 SQL 语句得到，这是 Visual FoxPro 综合应用的典型形式。代码改写为：

```
mp=stock_name.股票代码
rmp="select * from stock_sl where 股票代码=mp into cursor mylist"
thisform.grdstock_sl.recordsourcetype=4
thisform.grdstock_sl.recordsource=rmp
thisform.grdstock_sl.column4.header1.caption="数量"
```

② 将表单中的命令按钮标题改为"关闭"，其 Click 事件代码为：

```
Thisform.release
```

最后运行表单并保存。

模拟试题 4

一、基本操作题（共 4 小题，第 1 和 2 题是 7 分，第 3 和 4 题是 8 分）

在考生文件夹下，完成如下操作：

1. 打开"学生管理"数据库，并从中永久删除"学生"表。
2. 建立一个自由表"教师"，表结构如下：

编号	字符型（8）
姓名	字符型（10）
性别	字符型（2）
职称	字符型（8）

3. 利用查询设计器建议一个查询，该查询包含课程名为"数据库"的"课程"表中的全部信息，生成的查询保存为 query。

4. 用 SQL-UPDATE 语句将"课程"表中课程名为"数据库"的课程的任课教师更改为"T2222"，并将相应的 SQL 语句存储在文件 four.prg 中。

【解析】 ① 进入 Visual FoxPro，将 example4 文件夹设置为当前目录。例如：Set default to D:\VFP 上机模拟\example 4。选择【文件】|【打开】命令，打开数据库"学生管理"，也可用以下命令打开数据库：

```
Open database 学生管理
Modify database
```

然后，在"学生"表中单击鼠标右键，在弹出的快捷菜单中选择【删除】|【删除】命令即可永久性地删除"学生"表。

② 在命令窗口直接键入以下命令，建立自由表"教师"：

```
Close all
```

③ 选择【文件】|【新建】命令，新建一个查询 query.qpr，选中"课程"表中的所有字段，执行查询并保存。

④ 选择【文件】|【新建】命令，新建一个程序 four.prg，键入如下命令：

```
Update 课程 set 任课教师="T2222" where 课程名="数据库"
```

运行程序并保存。

二、简单应用（共 2 小题，每题 20 分，共计 40 分）

在考生文件夹下完成如下简单应用：

1. 建立表单，表单文件名和表单控件名均为 formtest，表单标题为"考试系统"，表单背景为灰色（BackColor=192，192，192），其他要求如下：

① 表单上有"欢迎使用考试系统"（Label1）8 个字，其背景颜色为灰色

（BackColor=192,192,192），字体为楷体，字号为 24，字体颜色为橘红色（ForeColor=255,128,0）；当表单运行时，"欢迎使用考试系统" 8 个字向表单左侧移动，移动由计时器控件 Timer1 控制，间隔（Interval 属性）是每 200ms 左移 10 个点（提示：在 Timer1 控件的 Timer 事件中写入语句 THISFORM.Label1.Left=THISFORM.Label1.Left-10），当完全移出表单后，又会从表单右侧移入。

② 表单种中有一个命令按钮（Command1），按钮标题为 "关闭"，表单运行时单击此按钮关闭并释放表单。

2. 在 "学生管理" 数据库中利用该视图设计器建立一个视图 sview，该视图包含 3 个字段：课程编号、课程名和选课人数。然后利用报表向导生成一个报表 creport，该报表包含视图 sview 的全部字段和内容。

【解析】① 选择【文件】|【新建】命令，建立一个表单，在表单上单击鼠标右键，在弹出的快捷菜单中选择 "属性"，打开 "属性窗口"，更改表单属性：Name= "formtest"、Caption= "考试系统"、BackColor=192,192,192。

添加 "标签" 控件 Label1，依照题意修改 Caption、BackColor、Fontname、Fontsize、Forcolor 等属性。

添加 "Timer1" 计时器控件，修改属性：Interval=200。

在 Timer 事件中编写如下响应程序：

```
thisform.label1.left=thisform.label1.left-10
if thisform.label1.left<=0
thisform.label1.left=thisform.width
endif
```

添加 "Command1" 命令按钮控件，修改属性 Caption= "关闭"。在 Command1 的 Click 单击事件中添加代码：Thisform.release。

最后，运行程序并保存。

② 打开数据库 "学生管理"，单击鼠标右键，在弹出的快捷菜单中选择 "新建本地视图" 命令，依照题意新建视图，保存为 "sview"，其相应的 SQL 命令为：

```
SELECT 课程.课程编号, 课程.课程名, COUNT(*) AS 选课人数;
    FROM 学生管理!课程 INNER JOIN 学生管理!考试成绩 ;
     ON 课程.课程编号 = 考试成绩.课程编号;
    GROUP BY 课程.课程编号
```

其中 "选课人数" 是增加的字段。

三、综合应用（1 小题，计 30 分）

在考生文件夹下有 myform 表单文件，将该表单设置为顶层表单，然后设计一个菜单，并将新建的菜单应用于该表单（在表单的 Load 时间中运行菜单程序）。新建立的菜单文件名为 mymenu，结构如下（表单、报表和退出是菜单栏中的 3 个菜单项）：

表单

　　浏览课程

　　　浏览选题统计

报表

　　　预览报表

退出

各菜单项的功能如下：

选择"浏览课程"时在表单的表格控件中显示"课程"表的内容（在过程中完成，直接指定表名）；

选择"浏览选课统计"时在表单的表格控件中显示简单应用题建立的试图 sview 的内容（在过程中完成，直接指定视图名）；

选择"预览报表"时预览在简单应用题中建立的报表 creport（在命令中完成）；

选择"退出"时关闭和释放表单（在命令中完成）。

（注意：最后要生成菜单程序，并注意该菜单将作为顶层表单的菜单。）

【解析】这是 Visual FoxPro 综合应用的典型例子，其工作分几个方面完成：

① 编写菜单时，选择【显示】|【常规选项】|【顶层表单】命令，按规则编写即可。

本题"浏览课程"的过程为：

```
myform.grid1.recordsourcetype=1
myform.grid1.recordsource="课程"
```

"浏览选课统计"的过程：

```
myform.grid1.recordsourcetype=1
myform.grid1.recordsource="sview"
```

也可改写成：

```
myform.grid1.recordsourcetype=4
myform.grid1.recordsource="select * from Sview into cursor abcd"
```

"预览报表"的过程为：

```
report form creport preview
```

"退出"的命令为：（关闭表单）

```
myform.release
```

各个菜单项编写完成后，选择【菜单】|【生成】命令，编译生成"mymenu.mpr"菜单程序，同时保留"mymenu.mnx"菜单源程序。

② 在表单中修改属性：Showwindow=2 （顶层表单）。在表单"myform"的 Load 事件中加入代码：Do mymenu.mpr with this,.t，最后运行程序并保存表单。

模拟试题 5

一、基本操作题（共 4 小题，第 1 和 2 题是 7 分，第 3 和 4 题是 8 分）

在考生文件夹下完成如下操作：

1. 根据 score_manager 数据库，使用查询向导建立一个含有学生"姓名"和"出生日期"的标准查询 query3_1.qpr。

2. 从 score_manager 数据库中删除视图 new_view3。

3. 用 SQL 命令向 score1 表中插入一条记录：学号为"993503433"、课程号为"0001"、成绩为"99"。

4. 打开表单 myform3_4，向其中添加一个"关闭"命令按钮（名称为 Command1），单击此按钮关闭表单（不可以有多余的命令）。

【解析】① 进入 Visual FoxPro，选择【文件】|【新建】命令，依照题目要求建立查询文件。

② 打开数据库"score_manager"，在视图"new_view3"上单击鼠标右键，在弹出的快捷菜单中选择【删除】命令。

③ 命令窗口中输入如下命令：

```
Insert into score1 value("993503433","0001",0)
```

④ 打开表单"myform3_4"，添加一个命令按钮"Command1"，修改属性 Caption 为"关闭"，在 Click 事件中输入如下命令：Thisform.release，最后运行程序并保存。

二、简单应用（共 2 小题，每题 20 分，共计 40 分）

在考生文件夹下完成如下简单应用：

1. 建立视图 new_view，该视图含有选修了课程但没有参加考试（成绩字段值为 Null）的学生信息（包括"学号"、"姓名"和"系部"3 个字段）。

2. 建立表单 myform3，在表单上添加表格控件（名称为 grdcourse），并通过该控件显示表 course 的内容（要求 RecordSourceType 属性必须为 0）。

【解析】① 打开数据库"score_manager"，在空白处单击鼠标右键，在弹出的快捷菜单中选择"新建本地视图"命令，依照题目要求建立视图"new_view"，其 SQL 命令如下：

```
SELECT Student.学号, Student.姓名, Student.系部;
 FROM  score_manager!student INNER JOIN score_manager!score1 ;
    ON  Student.学号 = Score1.学号;
    WHERE Score1.成绩 IS NULL
```

② 选择【文件】|【新建】命令，建立表单"myform3"，在表单上放置一个表格控件"grid1"，修改其属性 Name="grdscourse"、RecordsourceType=0，在表格控件上单击

鼠标右键，在弹出的快捷菜单中选择"生成器"，然后选中"course"表中的所有字段。最后运行程序并保存。

三、综合应用（1 小题，计 30 分）

利用菜单设计器建立一个菜单 tj_menus，要求如下：

1. 主菜单（条形菜单）的菜单项包括"统计"和"退出"两项。

2. "统计"菜单下只有一个菜单项"平均"，该菜单项的功能是统计各门课程的平均成绩，统计结果包含"课程名"和"平均成绩"两个字段，并将统计结果按课程名升序保存在表 new_table32 中。

3. "退出"菜单项的功能是返回 Visual FoxPro 系统菜单（在命令框写相应命令）。

菜单建立后，运行该菜单中各个菜单项。

【解析】① 选择【文件】|【新建】命令，新建菜单，依次输入菜单项"统计"与"退出"。其中"统计"菜单下再建下级菜单"平均"，输入"平均"过程命令如下：

```
SELECT Course.课程名, AVG(Score1.成绩)  as  平均;
    FROM score_manager!course INNER JOIN score_manager!score1 ;
      ON ourse.课程号 = Score1.课程号;
    GROUP BY Score1.课程号;
    INTO TABLE new_table32.dbf
```

该命令可先用查询设计器设计，再复制、粘贴。

② 在"退出"菜单中输入下面一条命令：

```
Set sysmenu to default
```

③ 选择【菜单】|【生成】命令，生成 "tj_menu3.mpr"文件。最后运行，并保存"tj_menu3.mnx"。

第六部分 参考答案

《Visual FoxPro 程序设计教程》课后习题参考答案

第 1 章　数据库基础知识及 Visual FoxPro 系统概述

一、单选题

1. C	2. B	3. C	4. D	5. B	6. C	7. C	8. B	9. D	10. A
11. C	12. A								

二、填空题

1. 字段、元组
2. 选择、投影、联接
3. 学号、专业号、专业号、一对多
4. .pjx、.pjt、.txt

第 2 章　Visual FoxPro 基础知识

一、单选题

1. D	2. C	3. D	4. A	5. A	6. B

二、填空题

1. 菜单、命令、程序
2. 标题栏、菜单栏、工具栏、状态栏、命令窗口、工作区

三、思考题

1. Visual FoxPro 系统为用户提供了菜单、命令和程序 3 种工作方式。

① 菜单工作方式就是用户用这些菜单中的命令来对数据表、数据库等进行操作。

② 命令工作方式是在命令窗口中逐条输入命令来实现数据表、数据库等的操作，每输入完一条命令按一次 Enter 键。

③ 程序工作方式就是首先建立程序文件，在其中输入命令序列，程序编写完毕后，运行程序文件将执行其中的命令序列。

2．Visual FoxPro 提供了向导、设计器、生成器 3 种辅助设计工具。

① 向导通过一组对话框依次与用户对话，待用户响应完毕，向导就根据响应的内容自动创建文件或执行任务。

② 设计器用于创建和修改 Visual FoxPro 中的各种文件和对象。

③ 生成器主要用于表单控件的属性设置和表达式设置等。

3．项目管理器将文件根据其文件类型放置在不同的选项卡中，并采用图示和树状结构的方式组织和显示这些文件，针对不同类型的文件提供不同的操作。在项目管理器中可以建立数据库、表、查询、表单、报表等文件，在项目中添加或移去文件、创建新文件或修改已有文件，以及定制项目管理器等。

第 3 章　Visual FoxPro 语言基础

一、单选题

1. C	2. A	3. B	4. B	5. B	6. D	7. D	8. A	9. A	10. C
11. B	12. A	13. A	14. A	15. B	16. A	17. A	18. C	19. D	20. B
21. A	22. D								

二、填空题

1．C　　　2．12.569　　　3．6　　　4．.F.

5．.T.　　6．3.1415　　7．1　　8．123456

三、思考题

1．内存变量：内存变量是内存中的一块存储区域，变量值就是存放在存储区域中的数值，变量的类型取决于变量值的类型。

字段变量：字段变量是指数据库文件中预定义好的任意数据项，通过字段名作为变量名来标识字段变量。

2．数组必须先定义后使用，每个数组可以通过数组名和下标来访问。

数组的定义格式：DECLARE | DIMENSION <数组名> (<下标 1> [,<下标 2>]) [,<数组名> (<下标 1>) [,<下标 2>])]

3．变量的命名必须遵循以下规则：

① 必须以字母或汉字开头；

② 变量名只能含有数字、汉字、字母和下划线；

③ 变量名不能是 Visual FoxPro 6 的保留字，如对象名、系统预定义的函数名等。

4．函数是用程序来实现的一种数据运算或转换。按照函数的功能可将其划分为数值运算函数、字符处理函数、时间日期函数、数据类型转换函数、测试函数等。

第4章 数据库和表

一、填空题

1. 下一个字段的字段名处　　2. Ctrl+W　　　3. Skip-1

4. INDEX ON 性别+STR（总分，5，1）TO SY1

5. INDEX ON DTOC（出生日期）+STR（成绩，3）TO SY3

6. SET ORDER TO <数值表达式>　　　7. INSERT[BLANK][BEFORE]

8. 10　　　　　　　　　　　9. delete、recall all、pack

10. 添加、修改、删除　　　　　11. 插入、更新、删除

12. .idx、.cdx　　　　　　　　13. .dbc、.dbf

14. 自由表、数据库表

15. 主索引、候选索引、普通索引、唯一索引

16. 结构、数据　　　　　　　　17. 6

18. 结构复合索引文件、单项索引文件　19. 主索引、普通索引

二、思考题

1. 表是数据库操作的基础。表由表结构、记录和字段组成。

2. 在 Visual FoxPro 中，表的创建有 3 种方法：第 1 种方法是使用表设计器；第 2 种是使用表向导，第 3 种是用命令来创建。

3. 在 Visual FoxPro 中，删除表中的记录分为逻辑删除和物理删除两种。所谓"逻辑删除"只是做了一个删除标记，记录本身完好无损；而"物理删除"则是真正意义上的删除，一旦删除，记录将真正被删除，不可恢复。

4. 修改表结构的命令格式是 MODIFY STRUCTURE

5. 索引是指对表中的有关记录按照指定的索引关键字表达式的值升序或降序排列，并生成一个相应的索引文件。

根据索引文件的类型可分为扩展名为.idx 的单索引文件和扩展名为.cdx 的复合索引文件。复合索引文件又可以进一步分为结构复合索引文件和非结构复合索引文件。

根据索引文件的功能分类可分为主索引、候选索引、普通索引和唯一索引。

6. 数据库是具有逻辑关系的表的集合。表是库中的成员，在库的管理下，各个表协作工作，从而完成各种任务。

在建立 Visual FoxPro 数据库时，相应的数据库名称实际是扩展名为.dbc 的文件名，与之相应的还会自动建立一个扩展名为.dct 的数据库备注（memo）文件和一个扩展名为.dcx 的数据库索引文件。也就是说建立数据库后，用户在磁盘上可以看到文件名相同但扩展名分别是.dbc、.dct 和.dcx 的 3 个文件，这 3 个文件是供 Visual FoxPro 数据库管理系统管理数据库使用的，用户一般情况不能直接使用这些文件。

7. 移去：从项目管理器中删除数据库，但并不从磁盘上删除相应的数据库文件。

删除：从项目管理器中删除数据库，并从磁盘上删除相应的数据库文件。

8. 在 Visual FoxPro 中，表可以有两种存在方式：即自由表和数据库表。自由表也就是没有和任何数据库关联的.dbf 文件；数据库表即与数据库关联的.dbf 文件。和数据库关联的表可以具有自由表所没有的属性，如字段级规则和记录级规则、触发器和永久关系等。

第 5 章   结构化查询语言 SQL

一、单选题

1. D	2. A	3. A	4. C	5. A	6. C	7. C	8. C	9. D	10. B

二、填空题

1. 逻辑

2. NULL

3. MAX、MIN

4. GROUP BY、ORDER BY

5. DROP TABLE

6. 当前一条记录全部内容

三、思考题

1. SQL 数据库的体系结构具有如下特征：

① 一个 SQL 模式（schema）是表和约束的集合。

② 一个表（table）是行（row）的集合。每行是列（column）的序列，每列对应一个数据项。

③ 一个表可以是一个基本表，也可以是一个视图，基本表是实际存储在数据库中的表。视图是从基本表或其他视图中导出的表，它本身不独立存储在数据库中，也就是说数据库中只存放视图的定义而不存放视图的数据，这些数据仍存放在导出视图的基本表中。因此视图是一个虚表。

④ 一个基本表可以跨一个或多个存储文件，一个存储文件也可存放一个或多个基本表，一个表可以带若干索引，索引也存放在存储文件中。每个存储文件与外部存储器上一个物理文件对应。存储文件的逻辑结构组成了关系数据库的内模式。

⑤ 用户可以用 SQL 语句对视图和基本表进行查询等操作。在用户看来，视图和基本表是一样的，都是关系（即表格）。

⑥ SQL 用户可以是应用程序，也可以是终端用户。SQL 语句可嵌入在宿主语言的程序中使用，宿主语言有 FORTRAN、COBOL、PASCAL、PL/I、C 和 Ada 等语言；SQL 语言也能作为独立的用户接口，供交互环境下的终端用户使用。

2. SQL 主要分为以下 4 个部分：

① 数据定义：这一部分也称为"SQL DDL"，用于定义 SQL 模式、基本表、视图

和索引。

② 数据操纵：这一部分也称为"SQL DML"。数据操纵分成数据查询和数据更新两类。其中数据更新又分成插入、删除和修改 3 种操作。

③ 数据控制：这一部分也称为"SQL DCL"。数据控制包括对基本表和视图的授权，完整性规则的描述，事务控制语句等。

④ 嵌入式 SQL 使用：这一部分内容涉及 SQL 语句嵌入在宿主语言程序中的使用规则。

第 6 章 查询与视图

一、单选题

1. B	2. A	3. D	4. B	5. A	6. A	7. D	8. A	9. D	10. A

二、思考题

1. 在查询【向导选取】对话框中，Visual FoxPro 有 3 种类型的向导供用户选择：查询向导、交叉表向导和图形向导。查询向导表示用一个或多个表创建一个查询；交叉表向导表示以电子数据表的格式显示查询数据；图形向导表示在 Microsoft Graph 中创建显示 Visual FoxPro 表数据的图形。

2. 创建单表查询文件的命令是：

    CREATE QUERY <Query name>

修改查询文件的命令是：

    MODIFY QUERY <Query name>

3. 根据数据库中数据的来源，Visual FoxPro 的视图分为本地视图和远程视图两种。本地视图所能更新的源表是 Visual FoxPro 的表或自由表，这些表或自由表未被放在服务器上，它们被称为本地（可以把"本地"看作安装这个数据库系统的那台机器）表；远程视图所能更新的源表可以来自放在服务器上的 Visual FoxPro 的表或自由表，也可以来自系统支持的远程数据源。

第 7 章 Visual FoxPro 程序设计基础

一、单选题

1. D	2. B	3. A	4. C	5. B	6. A	7. A	8. D	9. A	10. D
11. D	12. C								

二、填空题

（1）X1、X2、Y　　　　（2）MAX=JBGZ　　　　（3）LOOP
（4）16　　　　　　　　（5）m=24,24、n=12,12　　（6）100、101、111
（7）阶乘值=2、阶乘值=6　（8）S=4

第 8 章　表单的设计与使用

一、单选题

1. D	2. B	3. A	4. B	5. A	6. B	7. D	8. D	9. C	10. B
11. C	12. C	13. B	14. D						

二、填空题

1．MODIFY FORM <表单名>　　　　2．下拉组合框、下拉列表框

3．.scx、.sct　　　　　　　　　4．属性窗口

5．不可见的、timer　　　　　　　6．Passwordchar

7．ReadOnly、Visible

三、思考题

1．在数据库中，表单是指含有预定义的区域以输入或修改信息的结构化的窗口、方框、或其他的独立显示单元。表单对于它所显示的内部数据是一种可视化的"过滤器"，它通常有较好数据组织结构且更易于查看。

2．控件可以看作一个类库，它把某一些功能的属性、方法和实现封装在一起而形成。

添加控件的方法：在表单控件工具上单击所需按钮，然后在当前表单中希望添加控件的位置上单击，或拖拽鼠标即创建了一个同类型的控件。

3．创建表单的方法有 3 种：使用表单向导、使用表单设计器和使用命令创建。

第 9 章　菜 单 设 计

一、单选题

1. D	2. C	3. B	4. C	5. A	6. A	7. D	8. C	9. B	10. D
11. B	12. B	13. D							

二、填空题

1．菜单级　　　　　　　　　　　　2．提示选项
3．快速菜单　　　　　　　　　　　4．\-
5．过程　　　　　　　　　　　　　6．.mpr

第10章　报表与标签

一、单选题

1．D	2．B	3．A	4．A	5．B	6．A	7．C	8．D		

二、填空题

1．页面设置

2．组标头　　　　　　　　　　　　3．细节

4．数据源、布局　　　　　　　　　5．.frx

6．组标头、组注脚带区　　　　　　7．域控件

8．报表向导、报表设计器、快速报表　9．预览

10．REPORT FORM <报表文件名>、PREVIEW

《Visual FoxPro 程序设计上机指导与习题集》

练习题参考答案

第 1 章　Visual FoxPro 概述

一、选择题

1. B	2. D	3. C	4. D	5. B	6. B	7. A	8. B	9. B	10. D
11. A	12. B	13. C	14. A	15. C	16. D	17. D	18. D	19. D	20. C
21. B	22. C	23. D	24. C	25. D	26. B	27. D	28. D	29. B	30. A
31. B	32. D	33. D	34. B	35. D					

二、填空题

1．数据库管理系统　　　　2．层次、网状和关系　　　　3．32

第 2 章　Visual FoxPro 基础知识

一、选择题

1. D	2. C	3. B	4. C	5. D

二、填空题

1．文件、数据、文档和 Visual FoxPro 对象的集合　　2．表单、报表、标签
3．将文件从项目中移去、将文件彻底从磁盘上删除　　4．数据库、自由表、
查询
5．Visual FoxPro 中处理数据和对象的主要组织工具
6．6、全部、数据、文档、类、代码、其他、数据

第 3 章　Visual FoxPro 语言基础

一、选择题

1. D	2. C	3. C	4. C	5. A	6. C	7. A	8. A	9. A	10. C
11. D	12. D	13. C	14. A	15. B	16. A	17. D	18. C	19. B	20. D

21．A	22．A	23．D	24．C	25．C	26．B	27．B	28．A	29．C	30．C
31．C	32．D	33．A	34．C	35．A	36．A	37．B			

二、填空题

1．?'学习 Visual FoxPro 的方法'、或?"学习 Visual FoxPro 的方法"、或?[学习 Visual FoxPro 的方法]

2．5000，65 000

3．DIMENSION　A（8）、STORE　0　T0　A　或　A=0

4．　　　2

　　　　　3

　　　hello

5．函数名[参数 1][，参数 2]

6．函数名、参数、函数值

7．.T.

8．.T.

9．.T.

10．单一的运算对象：由运算符将运算对象连接起来形成的式子

11．程序结构是指程序中命令或语句执行的流程结构

12．.T.

13．.F.

14．123456

15．100

16．56.37

17．小于或等于指定数值表达式的最大整数

第 4 章　数据库和表

一、选择题

1．B	2．A	3．A	4．B	5．B	6．A	7．C	8．B	9．C	10．B
11．D	12．B	13．C	14．A	15．B	16．C	17．A	18．D	19．A	20．A
21．B	22．D	23．D	24．B	25．A	26．B	27．C	28．C	29．A	30．A
31．B	32．B	33．C	34．C	35．B	36．B	37．B	38．D	39．B	40．A
41．D	42．B	43．D	44．C	45．A	46．C	47．D	48．D	49．B	50．A
51．A	52．C	53．D	54．B	55．B	56．B	57．B	58．C	59．A	60．A

一、填空题

1. 姓名+STR（总分）+DTOC（出生年月）　2. 自由表、数据库表

3. 索引项、字段值　4. 复合索引

5. 子表　6. 数据库

7. 一对多连接、一对一连接、多对多连接　8. 6

9. Memo　10. 表名本身、工作区所对应的别名

11. LIST　NEXT　5　12. LIST　TO　PRINT

13. 编辑、浏览　14. 1

15. 删除标记　16. INSERT　BEFORE

17. 末记录的后面、首记录的前面　18. REPL ALL 奖金 WITH 0

19. LIST|DISPLAY FOR 是否保送　20. RECALL FOR 性别= '男'

21. 表的尾部　22. 10

23. 5　24. 字段、记录

25. 备注型　26. 主、普通

27. INDEX ON 学号+课程号 TAG xs　28. 备注、通用

29. CALCULATE CNT（）、MIN（年龄）、AVG（年龄）

30. 32767　31. 4、3

32. 普通索引　33. 结构复合

34. DATABASE　35. 1

36. 备注、索引　37. 删除级联

38. OPEN　39. 插入限制

40. 数据库　41. 主索引

42. 逻辑　43. .dbc

第 5 章　结构化查询语言 SQL

一、选择题

1. D	2. B	3. D	4. C	5. A	6. B	7. B	8. B	9. D	10. C
11. D	12. B	13. C	14. A	15. B	16. C	17. C	18. A	19. B	20. B
21. C	22. B								

二、填空题

1. 内部联接、左联接、右联接、完全联接

2. 联动

3. UNIQUE

4．DISTINCT

5．结构化查询语言

6．SQL

7．UPDATE、SET、=

8．COUNT（书号）、AVG（单价）、GROUP BY

9．最大值、最小值

10．SELECT 书号 FROM 借阅（也可添加 DISTINCT）

11．SELECT、FROM、WHERE

12．ORDER BY、TOP、DISTINCT

13．HAVING、GROUPBY

14．ON、SELECT、WHERE

15．ORDER BY、GROUP BY

16．DISTINCT、TOP

17．条件、排序依据、分组依据

18．浏览窗口

19．INTOTABLE

20．临时表

21．BETWEEN、TO

22．成绩=60 OR 成绩=100

23．"电器"$供应商名

24．AVG（）、SUM（）、COUNT（）

25．重复

26．MAX（销售数量）、销售日期

27．借阅.书号=图书.书号 AND 书名="英语"

28．COUNT（*）、COUNT（DISTINCT 学号）

第 6 章　查询与视图

一、选择题

1. D	2. C	3. B	4. A	5. B	6. B	7. A	8. B	9. A	10. D
11. D	12. B	13. D	14. B	15. D	16. C	17. D	18. B	19. D	20. C
21. B	22. B								

二、填空题

1．.qbr，查询程序

2．ORDER BY

3．本地视图

4．不能

5. 连接类型
7. 打开
9. 更新功能
11. 字段、筛选、排序依据
13. 连接、连接
15. 查询去向

6. 可用字段
8. 本地
10. SQL 查询(或 SQL-SELECT)
12. 分组依据、满足条件
14. 更新条件、可更新
16. DO CX.qpr

第 7 章   程序设计基础

一、选择题

1. D	2. A	3. B	4. D	5. C	6. B	7. D	8. A	9. A	10. B
11. C	12. A	13. C	14. B	15. C	16. C	17. B	18. B	19. A	20. D
21. A	22. B	23. C	24. B	25. D	26. D	27. B	28. B	29. D	30. C
31. D	32. C	33. B	34. B	35. B	36. D	37. B	38. A	39. C	40. C
41. C	42. A	43. C	44. D	45. D	46. A	47. B			

二、填空题

1. 代码
2. LOCAL
3. Ctrl+W
4. MODIFY COMMAND PROG1
5. SET PROCEDURE TO <过程文件名>、DO
6. 一组命令的集合、文本编辑器、命令编辑器
7. 选择、条件
8. X1、X2、Y
9. MAX=JBGZ
10. LOOP
11. DISP NEXT 2、LIST
12. LOOP、EXIT

三、读程序，写结果

1. 4
3. 18
5. 100110
7. 100 0 111
9. 1 4 7 10 13

2. -3 7
4. 38
6. M=24，N=14
8. 3 10
10. 33 22 10 20

40　22　10　20

第8章　表单的设计与使用

一、选择题

1. D	2. B	3. D	4. C	5. B	6. B	7. A	8. D	9. C	10. B
11. C	12. D	13. C	14. C	15. B	16. B				

二、填空题

1. CAPTION
2. THISFORM.RELEASE
3. 数据源
4. 表单
5. Wordworp 设为 .T.
6. 程序代码
7. 容器类
8. 当前表单
9. 激活
10. 2、Init

第9章　菜单设计

一、选择题

1. C	2. C	3. B	4. A	5. A	6. B	7. B	8. C	9. D	10. B
11. B	12. D	13. B	14. D	15. B					

二、填空题

1. .mnx、.mnt、.mpr
2. 菜单级
3. 提示选项
4. \- 、\<
5. 菜单、快捷菜单
6. 快速菜单
7. 过程
8. .mnx
9. 系统菜单
10. 顶层表单、2-作为顶层表单

三、判断题

1. √　2. ×　3. ×　4. ×　5. ×

第10章　报表与标签

一、选择题

1. A	2. A	3. C	4. C	5. B	6. C	7. B	8. C	9. D	10. B

| 11. B | 12. D | 13. A | 14. A | 15. B | 16. B | 17. D | 18. B | | |

二、填空题

1. 使用报表向导创建报表、使用报表设计器创建自定义报表、使用快速报表创建简单规范的报表

2.（组标头）　　　　　3. 报表布局

4. 带区　　　　　　　5. 分组表达式样

6. 数据源、布局　　　　7. 向导选取、一对多报表向导

8. 视图、查询　　　　　9. 面向对象

10. 文本框　　　　　　11. 多重索引

12. 3　　　　　　　　13. 细节

主要参考文献

程克惠，童红兵．2009．Visual FoxPro 程序设计上机指导与习题集[M]．天津：天津科学技术出版社．

国家教育部考试中心．2007．二级 Visual FoxPro 数据库程序设计．全国计算机等级考试历届笔试考试习题集[M]．天津：南开大学出版社．

彭春年．2003．Visual FoxPro 实验习题集[M]．北京：科学出版社．

唐光海，李作主．2009．Visual FoxPro 程序设计实践指导与习题集[M]．北京：电子工业出版社．

王世伟．2009．Visual FoxPro 程序设计上机指导与习题集[M]．北京：中国铁道出版社．